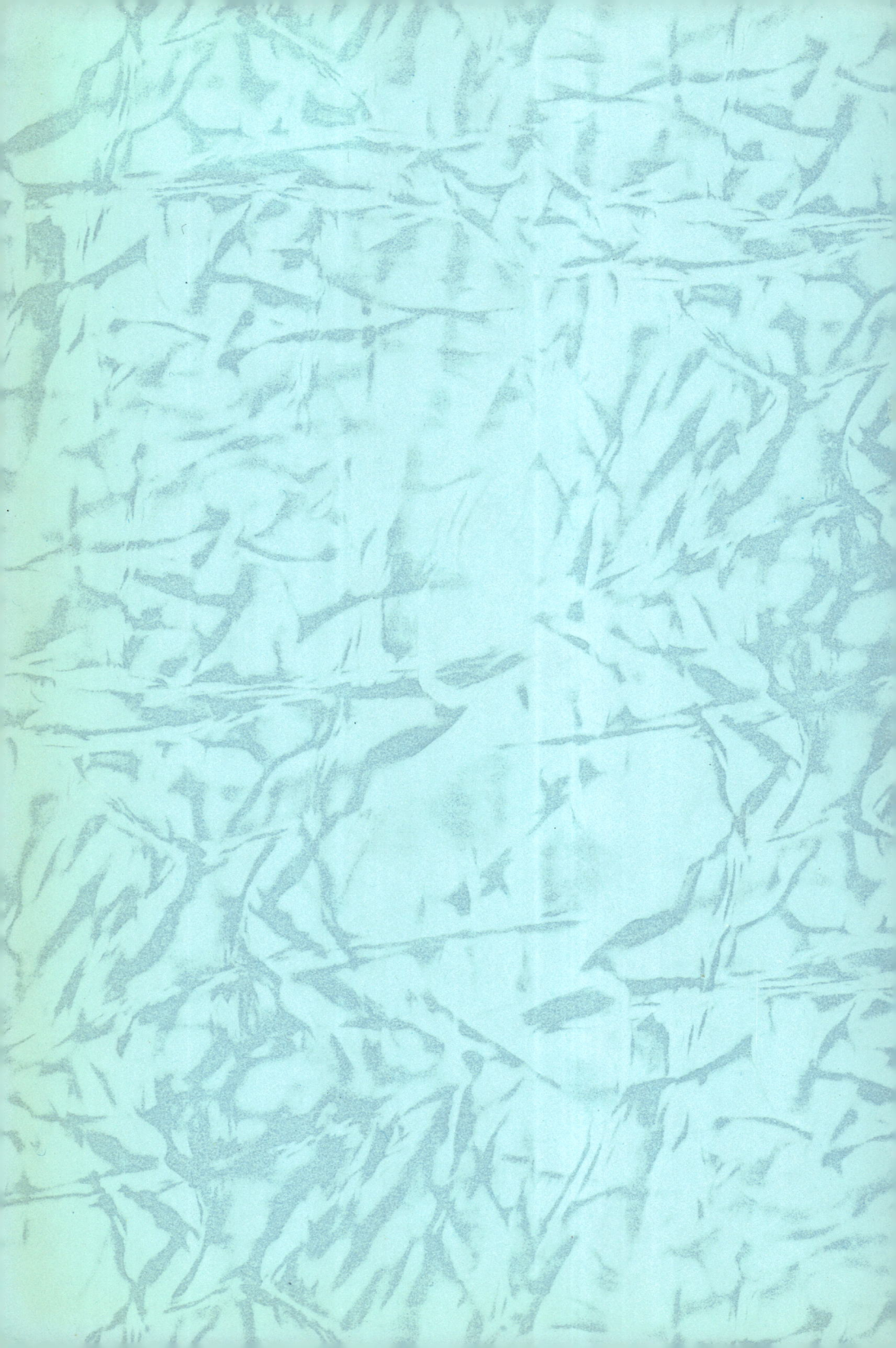

# 신비한
# 5차원의 세계 이야기

K. L. 브런스타인 지음
김 정 인 옮김

太乙出版社

## 옮긴이의 말

이 책이 다루는 주제는 두 가지이다.
첫번째로 인류가 발전해 온 역사, 즉 진화(進化)에 관한 것이다.

인류는 오스트랄로피테쿠스군이라고 불리우고 있는 최고(最古)의 것에서부터 이 지혜 있는 것——호모 사피엔스——에 이르고 있다. 인류는 사냥의 챔피온으로서 다른 동물을 제압했다. 사냥물로써는 예를 들면, 늑대와 같이 인류보다도 훨씬 우수한 무기를 갖고 있는 것이 많다. 그러나 인류는 두뇌에 의해————머리를 사용하여 유효한 도구를 만들어 내는 것에 의해——다른 것을 복종시킨 것이다. 그러나 여기에서 이상한 것을 느낄 수 있다. 인류 두뇌의 발달은 수렵 챔피온으로써 필요한 사고력을 제공해 주는 정도를 훨씬 윗돌고 있는 것이다. 인류의 두뇌 크기가 폭발적으로 증가했다는 것, 여기에 바로 진화의 비밀이 포함되어 있는 것이다. 저자는 이 진화의 비밀을 실례를 들면서 다루어 보겠다. 그리고 무서운 결론에 도달하고 있다. 인류가 인류에게 진화에 대해 압력을 가했다. 그 때문에 이처럼 두뇌가 발달했다는 것이다. 인류는 다른 부족들을 자신의 식료로써 죽일 수 있었다. 어떻게 교묘하게 죽이는가——이 기술을 획득하는 부족이 살아남고 번영할 수 있는 것이다. 이 습성에 의해 같은 인류끼리 적자생존, 자연도태가 진행되고 있었다. 이 때문에 다른 동물과는 비교도 되지 않을 정도로 두뇌가 발달했던 것이다. 두뇌의 발달이 늦은 부족은 진보된 부족이 발달 도구나 사냥 방법을 시험하는 재료가 되는 것이다. 이렇게 생각하면 잔인성, 이것이 바로 사람의 인간다운 성질인 것이다. 이 잔인성에 의해 우리들의 선조는 절멸종(絶滅種)이 되는 일 없이 여러 가지 유산을 남겨 주었던 것이다. 그야말로 잔인성에 의해 진화의 역사를 만든 것이다. 그러므로 '이 지혜 있는 사람—인간'이라는 말 대신에 '이 잔인한 —인간'이라고 말하는 편이 실정에 맞을 듯한 느낌이 든다.

두 번째 테마는 UFO(미확인 비행물체)이다. 저자는 세계적으로 확인된, 신뢰할 수 있는 UFO 관측 데이타를 다루고 있다. 그리고 이미 우리들은 UFO의 존재를 인정하지 않을 수 없는 상황에 와 있다고 생각하는 것이다. 만일 UFO가 지상에 도달했다는 것을 인정한다면 물리학의 세계는 기성의 그것과는 달라지게 된다. 아무리 효율이 좋은 로켓트를 만들어도 성간 공간(星間空間)을 여행할 수는 없다. 그럼에도 불구하고 UFO가 성간 공간(星間空間)에서 도달했다는 사실—UFO 관측 중 이것이 가장 중요한 것이다. 이것을 설명하기 위해서는 물리 세계가 필연적으로 오차원이 되어야 한다. 이 오차원의 세계를 생각하면 UFO에 관한 여러 종류의 데이타는 극히 자연스럽게 설명된다. 사차원 시공세계(四次元 時空世界)를 도입한 뒤 비로소 상대론적 효과가 자연스럽게 귀결되었다. 그와 마찬가지로 오차원 세계를 도입한 뒤 비로소 UFO로 대표되는 새로운 효과가 설명되는 것이다.

현재 지상에는 너무나 많은 인구가 살고 있다. 자원도 고갈의 위기에 처해 있고 식량도 부족하다. 드디어 지구는 반드시 막다른 골목에 서게 된다. 그때 인류는 어떻게 대처할까? 인류의 진화상 가장 중요한 역할을 다해 온 적응 수단——살육——을 그때도 반복해서 발휘하고, 인구 격감 방식으로 인구를 격감시켜 지구를 구제할 것인가? 만일 그렇지 않다면 UFO로 대표되는 신과학 기술이 갑자기 나타나 오차원의 미개척 분야를 경작하는 것에 의해 우리들 자신을 구제할 것인가? 양쪽 선택에 쫓기고 있는 것이다.

환경 파괴, 수질 오염이 큰 소리로 문제시 되고 있다. 인구가 많기 때문에 일어나는 일인데, 매일 신문에 실어 오히려 실리지 않는 편이 이상할 정도이다. 한편 때때로 세계 각지에서 UFO 관측 기사도 신문 지면에 섞이고 있다. UFO 관계 서적, 잡지도 눈에 띄게 되었다. 바로 이와 같은 때 양쪽 모두를 냉철한 과학의 눈으로 논하고 있는 이 책이 나왔다는 것은 기쁜 일이라 아니할 수 없다. 편견을 버리고 정면에서 대결하고 있는 이 책은 반드시 독자의 마음에 이제까지의 과학책과는 다른 종류의 감명을 줄 것이라고 확신하고 있다. 지금이야말로 인간의 본성에 대해 생각하고 우주의 본성에 대해 숙고할 때가 아닐까?

여기에서 독자에게 양해를 구해 두고자 한다. 지면 관계로 원본 일부를 삭제해야 했다. 원본에는 그리이스 시대 이후의 과학의 역사 및 「성서」의 기술과 UFO 관측 데이타와의 유사점에 대해서도 쓰여져 있다. 그러나 이것은 안타깝게도 다음 기회에 소개하고자 한다. 이 책은 전혀 예비 지식을 필요로 하지 않는다. 나중에 나오는 상대론(相對論)과 양자론(量子論)은 역자가 첨가한 것이다. 이 방면의 지식을 갖고 있는 독자는 제1장을 펴서 읽어도 지장은 없다.

## 지은이의 말

　사람들은 아무 말도 하지 않고 멈추어 선 채 있으며, 이미 아무런 대답도 하지 않는다. 그런데도 나는 (그들이 말하기를) 기다리는 편이 좋을까. 아니다. 나도 나의 대답을 하고 또 분명히 생각을 말하도록 하겠다.
　　──욥기 제32장 제16절~제17절

　이 책은 과학상(科學上)의 여러가지 일을 어떻게 해석하고 생각하는 것이 좋을지에 대해 쓴 것이다. 과학상(科學上)의 일 중에서도 'UFO(미확인 비행물체)'라고 불리우고 있는 현상의 해명에 주력을 기울이고 있다. 이 책에서는 현재 우리들이 UFO를 인정해야 할 단계에 와 있다는 것을 실제 신뢰할 수 있는 관측례(觀測例)를 들어 설명하겠다. UFO 현상을 인정하게 되면 아무래도 현대 과학을 수정해야만 한다. 어떤 결론에 도달할까?──.바로 이 책의 제목인 '오차원의 세계'에 이르게 되는 것이다.
　여기에서는 UFO에 최대의 관심을 기울이고 있지만 화제는 과학상의 다른 분야도 언급하고 있다. 상대론, 양자 역학, 더 나아가서는 생물학상의 진화론도 논하게 될 것이다. 실은 이들 분야는 모두 재미있는 것이다. 그러나 책의 페이지 관계상 간단하게 서술하도록 하겠다. 모든 분야가 최종적으로는 UFO 현상과 관계된다.

그러나 독자의 예비 지식은 필요하지 않다. 독자에게 필요한 것은 생각해 보고 싶다는 욕구뿐이다. 진정으로 가치있는 개념은 본질적으로는 일상 언어로 표현할 수 있다고 믿고 있다. 그러므로 가능한 한 평이하게 쓰려 했다. 다 읽었을 때 독자는 생각할 수 있다는 것이 얼마나 기쁜 일인지 반드시 알게 될 것이라고 확신한다.

과학은 이미 확립된 개념에 한해서만 멋진 능력을 발휘한다. 현대는 그 빛나는 성과에 우리들 모두 은혜를 입고 있는 것이라고 할 수 있다. 그러나 우리는 이 위대한 힘을 과신하여 지구상의 자원을 다 써버리고 지표를 폐기물로 오염시키고 있지 않은가. 그러나 과학의 세계에서 기성 개념을 뒤집으려 하면 곧 박해를 받는다. 이 점에서는 과학 이외의 다른 분야도 큰 차이는 없다. 이미 있는 과학 이론에 적합치 않은 사실은 미신에 의한 신화와 동일시 되고 있다. 그리고 매장되는 것이다. 현대 과학이 알게 모르게 가하고 있는 박해는 코페르니쿠스의 정신을 종교계가 탄압했던 것과 같다. 그러나 우리들은 자유로이 생각할 수 있는 용기를 가져야 한다. 현대는 이단 종교의 재판도 화형도 없다. 자유로이 생각하는 것에 의해 정신적으로 소외되는 일은 있어도 육체적으로 벌을 받는 일은 없다. 그러므로 갈릴레이의 공포에 비하면 우리들이 받는 고통은 그렇게 대단한 것은 아니다.

종교 개혁에 의해 교회의 명령에서 종교가 해방되었다. 그리고 우리들 극히 평범한 사람들의 손에 넘겨진 것이다. 오늘날의 과학에 있어서도 이런 개혁이 요망되고 있다. 현대의 특권적 종교가, 과학자로부터 과학을 해방시키고 우리들의 손으로 해명해 보자. 그때 충분히 고려해야 할 것은 다음 3가지 사항이다.

(1) 논거가 되는 과학적인 기본 개념이 타당한가. 부자연스러운 점은 없는가?
(2) 생각을 미지의 세계로 확장시켜 갈 근거로써 선택한 데이타는 적절한가?
(3) 추론을 진행시켜 가는 과정에 충분한 주의를 기울이고 있는가?

이 책에서는 이 3가지 사항을 최대한으로 지키고 있다는 것을 보증한다. 과학의 세계는 현재도 미래도 어차피 그 표면밖에 이해 할 수 없다는 것을 고백한다. 그러나 낙담해서는 안된다. 자, 날개를 충분히 펴고 과학의 세계로 날아 들어가자. 생각할 수 있다는 것에 대한 기쁨을 맛보자.

10

## *차 례*

옮긴이의 말 ················································································ 3
지은이의 말 ················································································ 7

# 제1장 / '상식'을 넘어선 세계

### (1) '상식'이라는 이름의 비상식 ············································· 21
호기심 때문에 ············································································ 21
자연계는 경영(鏡映)에 대해 불변일까 ··································· 22
### (2) 상대성 이론에 대해 ·························································· 24
막스웰에 의해 전자 현상이 정확하게 다루어지게 되었다 ··· 24
아인쉬타인에 의한 명쾌한 생각 ·············································· 25
시간과 공간은 대등하다 ··························································· 28
### (3) 양자론(量子論)에 대하여 ················································· 30
공동방사(空洞 放射)의 문제를 프랭크는 해결했다 ············· 30
이렇게 해서 양자론은 탄생했다 ·············································· 31
하이젠베르크에 의해 양자 역학이 확립되었다 ···················· 32
불확정성은 입자의 성질로써 인정된다 ·································· 34
빛의 실험 ···················································································· 35

전자의 실험 …………………………………………… 35

## 제 2 장 / 인간의 뇌는 왜 커졌는가

다아윈에 의한 '종의 기원' ……………………………… 41
유전자와 DNA ……………………………………… 41
분화(分化)는 유전자의 혼합에 의해 일어난다 ………… 42
변종출현은 진화상 중요하다 ……………………………… 44
분차생식(分差生殖) ………………………………… 46
경쟁은 진화 과정에서 중요한 인자(因子)이다 ………… 47
인류에 있어서 경쟁 …………………………………… 50
가장 오래된 유인동물(類人動物)은 오스트랄로피테쿠스군이다
……………………………………………………… 51
오스트랄로피테쿠스군은 잔인한 동물이었다 …………… 52
오스트랄로피테쿠스군의 잔인함은 화석에까지 남아있다 … 54
살육이야말로 원시인의 마음에 맞는 것이다 ……………… 55
오스트랄로피테쿠스 아프리카누스와 로브스스 ………… 56
공격과 포식의 차이 …………………………………… 59
공격은 본능이 명하는 것이다 ……………………… 60
인종에 있어서도 공격은 본능이 명하는 것이다 ………… 61
인류만이 동족을 죽일 수 있는 이유 ……………………… 62
초기에는 사냥을 통해 발달했다 …………………………… 64
인류의 기능은 충분치 않았으나 사냥의 왕자가 되었다 …… 65
왜 인류의 두뇌는 이 정도까지 발달한 것일까 …………… 66

포식할 수 있는 종(種)만이 살아남았다 ················· 70
왜 두뇌는 필요 이상으로 우수해졌을까 ··············· 71
분차생식을 움직이는 것이 서로 잡아먹기일 것이다 ········· 75
살육——이 인간적인 일 ························· 76

## 제3장/개구리와 하늘을 날으는 원반

생기론(生氣論)과 종말론(終末論) ····················· 81
두 개의 비전통적인 설은 뭔가 진실을 말해주고 있다 ······· 81
마법의 거울 앞에 개구리를 갖다 놓는다. 그러면 ········· 82
실험실에서는 좌우의 대칭성이 있고, 자연계에서는 대칭성이
잊혀진다 ···································· 84
아버지가 되는 분자(分子) ························ 86
생명의 기원은 원자·분자 레벨에서의 우발사상이다 ······· 87
돌연변이가 예언불능한 이유 ······················ 88
생명의 역사를 살펴 보자 ························ 90
문화의 출현에 의한 피이드백 ····················· 91
어딘가 복제법에 혼란이 있다면 ···················· 92
유일사상(唯一事象)에 대해 ······················· 92
지질학자의 행복 ······························· 94
진화론도 유일사상처럼 보이는데 ··················· 95
지능이 있는 생명은 지구 외에도 있을까 ·············· 96
네(汝) 속에 있는 인간 ·························· 97
하늘을 날으는 원반 등 미확인 비행물체에 대해 ········· 97

UFO의 존재를 가정한다 ················································ 99
UFO가 행성간 공간을 지나 도달한다는 것은 대단한 일   99
UFO와의 조우──① ····················································· 101
UFO와의 조우──② ····················································· 102
마음의 문을 열고 밖을 보도록 하자 ································ 104
천사도 또 휴머노이드일까 ············································· 105
UFO의 탑승원은 모두 휴머노이드이다 ···························· 106
생명의 기원──필연적인 것일까, 우발사상일까 ··············· 107
지구 바깥에서 오는 휴머노이드를 인정하면 ··················· 109
진화는 필연적인 것일지도 모른다 ·································· 111
졸린 눈, 선입관이 강한 눈길로는 패턴을 놓치게 된다 ······· 113
패턴이 생긴다고 확신해 버리면 ····································· 114
생물학상의 진화 과정에도 패턴이 있는 것이 아닐까 ········ 115
예를 들면 창조주의 버튼을 눌러 생명체를 만들어 가자 ····· 116
UFO의 주인이 휴머노이드일 때 패턴의 존재를 말해준다 ··· 119
생명 현상에 대해서는 두 가지 사고방식이 있다 ··············· 120
전자의 세계로 돌아가 생각하고 다음 생명현상으로 유추해
보자 ············································································ 122
UFO의 주인과 성서 주인 ············································· 123

## 제4장/지구외 문명은 존재하는가

천문학자는 정적인 면밖에 관찰할 수 없다 ····················· 127
천문학자의 숫자로는 10=1? ········································· 127

우주 별 구성 ································· *130*
은하계→크러스터→크러스터의 크러스트 ············ *130*
우주 기원에 대해 ······························ *131*
정상상태의 우주······························*132*
그럼 빅번 이전에는 ···························· *134*
최초는 수소 가스와 헬륨이 있었다 ··············· *135*
크러스터의 원형이 생긴다 ······················ *136*
중력의 작용이 우주 창조에서는 중대한 역할을 하고 있다 *138*
즉 4단계를 거쳐 별이 생겼던 것이다 ············· *139*
여러 가지 원소가 생긴 이유 ···················· *141*
호일에 의한 혹성 생성의 설명 ·················· *144*
적도 주위가 팽창, 떨어져 나간다·················*145*
물질이 생기기 시작하는 것이다 ················· *147*
생명의 발생은 어떻게 해서 일어났을까 ··········· *148*
오파린의 학설·······························*149*
미러에 의한 실험──오파린은 옳았다 ············ *150*
많은 시행착오가 있었다························*151*
미러의 성공································*152*
단백질의 합성······························*154*
자연 발생은 이미 의심의 여지가 없는 개념이 되었다 ······ *155*
우주에는 태양계가 무수히 있다················· *157*
생명은 우주 도처에서 출현하고 있다 ············· *158*
과연 호모 사피엔스의 지능은? ·················· *161*
진화의 최종 목적은 지능있는 생물을 창조하는 것이었을

것이다 ················································· 163

## 제5장 / 오차원 우주의 존재

드디어 UFO 관측을 과학적으로 해석해 본다 ············ 167
달 세계까지의 거리는 자동차로도 갈 수 있다 ············ 167
태양계를 자동차로 달릴 수는 없다 ····················· 169
인류는 행성간 공간을 여행할 수 있을까 ················ 170
거대한 스피드 때문에 오히려 좋지않은 상황이 일어나는
것이다 ················································· 170
물질——반물질 소멸 엔진의 로켓트 ···················· 172
공학상의 문제점 ········································ 173
아마 우주 여행은 절망이 될 것 같다 ···················· 175
우주 여행은 절망적인데 UFO가 날아온 것이다 ·········· 176
UFO를 인정해 보자, 그러면 ···························· 178
UFO를 인정하는 것은 유쾌하지 않다 ··················· 179
심령현상(心靈現象)과 UFO ····························· 181
UFO와의 조우——③ ································· 182
UFO와의 조우——④ ································· 183
UFO와의 조우——⑤ ································· 184
UFO가 사라지는 것을 물리적으로 해명하고 싶었던 것이다 186
UFO와의 조우——⑥ ································· 186
UFO와의 조우——⑦ ································· 187
UFO와의 조우——⑧ ································· 189

UFO와의 조우──⑨ ································· 191
UFO와의 조우──⑩ ································· 192
UFO와의 조우──⑪ ································· 197
시공(時空)의 연속성을 생각해 보자 ················ 197
우리들의 세계는 전자적 세계이다 ··················· 198
4차원 시공(時空)에 직교 사축(直交四軸)을 취한다 ········ 199
제 4축이야말로 전자적 성질을 부여하고 있는 것이다 ······ 201
뉴우톤 역학→상대론→? ······························· 202
우주는 5차원의 세계라고 생각하지 않을 수 없는 것이다  203
사실은 5차원의 세계는 이미 물리학에 도입된 적이 있다  205
제5차원을 부가하는 데는 ···························· 205
제5차원은 새로운 힘을 필요로 한다 ················ 206
화이트 헤드의 생각 ·································· 208
융의 생각 ············································ 209
인과율은 고전적인 의미에서는 버려질 것이다 ········ 211
심령 현상에 대해 ···································· 211
라인에 의한 심령 현상의 실험 ······················ 212
왠지 심령 현상의 실재를 믿고 싶어진다 ············ 213
그러나 사전 예비지식은 인과율에서 제외된다 ········ 214
이렇게 해서 사전 예지는 광기가 되는 것인가 ········ 215
상대론의 세계에서 해석하려고 하면 ················ 217
5차원의 경로를 생각해 보자 ························ 218
전자 상호작용적 세계를 살펴보자 ··················· 220
전자 상호작용의 충분한 이용이 현대문명으로의 길이다  220

제5차원을 잘 이용하는 것에 의해 UFO의 수송도
가능해진다 ································································ *221*
제5차원에 따른 운동을 생각하면 하나 하나 불가사의한
일을 해결할 수 있다 ······················································ *223*
제5차원의 힘은 좀더 과학적으로 검지될 것이다 ············ *224*
지구 외 생물은 왜 우리들에게 정식으로 접촉해 오지 않는
것일까 ············································································ *226*

## 제6장/인류를 파멸로부터 구할 그 무엇

인류——그 광폭한 것 ······················································ *229*
살륙이야말로 인간에게 어울리는 행위이다 ····················· *229*
분열운동——역사——에서의 주력은 공격이었다 ············ *230*
분열운동에 작용하는 두 개의 인자 중 또 하나는
테크놀로지이다 ······························································· *232*
테크놀로지의 발전사 ······················································· *233*
언어(言語)가 탄생된다 ···················································· *233*
불을 사용하기 시작한다 ·················································· *234*
불의 사용에 의해 사람들은 정착하기 시작한다 ··············· *234*
이렇게 해서 농경이 행해진다 ·········································· *236*
공격성을 컨트롤하게 되었다 ··········································· *236*
마침내 도시문명이 시작된다 ··········································· *238*
진화과정에 있어서 중압이 가해졌다 ······························· *239*
인류의 문명은 급속히 진화되었던 것이다 ······················· *240*

‘알몸 원숭이’는 마침내 ‘테크놀로지 원숭이’로 ················ 242
직인(職人)에 대한 기술 개발 ································ 242
자연과학 쪽이 생산 기술에 쫓겼던 것이다 ·················· 244
테크놀로지가 과학 측정법을 정교하게 만든다 ··············· 245
한정된 지구상에서 확대되어 가면 ···························· 246
마침내 전면전(全面戰)이 시작된다 ···························· 247
군사와 기술과의 피이드 백 ····································· 249
의학의 진보에 의해 인구가 급증한다 ························· 250
이미 지구상의 자원은 그 끝이 보이고 있다 ·················· 252
과연 인류가 역사를 창조해 온 것인가, 앞으로도 창조할 수
있을까 ······························································· 252
미래는 밝지 않다 ·················································· 253
이 좁은 지구 내에서 어떻게 하는 것이 좋을까 ············· 255
현대 과학이 만능이라는 생각도 있다 ························· 255
그러나 과학기술의 신(神)도 전능하지는 않다 ··············· 258
‘종말의 시대’에 희망은 있는 것인가 ·························· 258
UFO는 희망이 될까 ··············································· 259
우주 진화에 목적이 있다면 구제될 것인가 ··················· 261
그러나 가엾은 인간의 기질 ····································· 262

# 제1장
# 상식을 넘어선 세계

자연의 이런 일은 이전에는 여러분에게는 있을 수 없는 일로 여겨지고 있었다. 그러므로 이에 의해 여러분은 자신이 모르고 있는 것이 많다는 것을 깨닫게 되었을 것이라고 생각한다. 그렇다고 해서 나는 이제 모르는 것이 없다고 말할 수도 없는 일이다. 오히려 우리들이 모르는 일들은 무수히 남아 있는 것이다.

——부르스 파스칼 (1623년~1662년)

## (1) 상식이라는 이름의 비상식

**호기심 때문에**

호기심(好奇心)이라는 것은 식욕과 마찬가지로 매우 기본적인 욕구의 하나이다. 인류는 아주 일찍부터 호기심에 의해 행동하고 있었다. 모든 동기가 호기심에 근거를 두고 있다고는 할 수 없지만 이것이 중요한 영향을 미치지 않는 경우는 적은 것이다. 이런 유혹은 영원불멸의 것이다. 그래서 우리들은 호기심에 의해 다음과 같은 것을 생각해 본다. 그리고 선입관이 얼마나 믿을 만한 것이 못되는지를 알게 된다.

보통 흔하게 볼 수 있는 벽시계를 생각해 보자. 그것을 거울 앞에 세워 두었다고 가정하자. '만일 실제로 거울 속의 시계와 같은 것을 만들면 물론 모두 좌우가 반대로 되어 있다. 이 시계는 원래 시계와 똑같이 움직일까.'

좌우를 모두 바꾼다. 문자판에도 'ò, ↸' 등 기묘한 숫자를 배열한다. 오른쪽으로 조이는 태엽은 왼쪽으로 감도록 바꾼다. 이렇

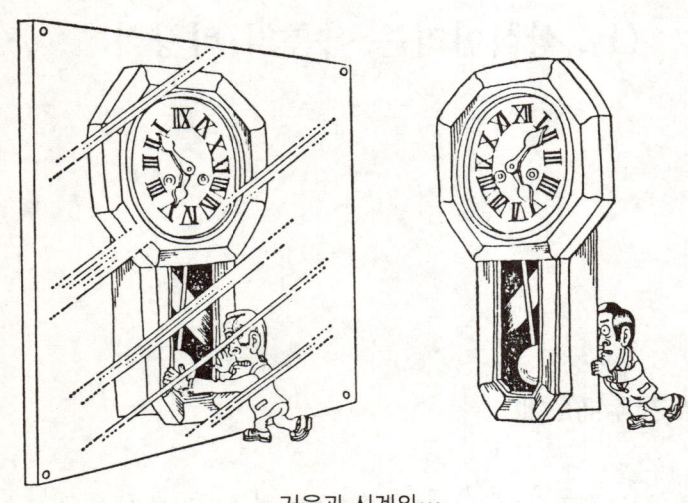

거울과 시계와…

게 해서 새 시계를 완성해 보면 그 새 시계는 원래의 시계와 똑같이 움직인다는 것을 알 수 있다. 서로 '경영(鏡映)'—거울에 비친 것과 같은 관계—에 있는 것은 모두 이와 같은 움직임을 보이는 것이다.

## 자연계는 경영(鏡映)에 대해 불변일까

그럼 이 상식을 갖고서 자연계의 대칭성을 탐색해 보자. 현재 자연계에 존재한다고 알려져 있는 힘—상호작용—은 4종류이다. 중력, 전자력, 강한 핵력, 약한 핵력. 이중 앞의 3가지 힘은 경영에 관해 대칭성(對稱性)을 갖고 있다는 것이 인정되고 있다. 주의했으면 하는 것은 네 번째의 힘——약한 핵력——이다. 이 약한 상호작용이 경영(鏡映)에 대한 불변성('공간 반전에 관한 불변성'이라고 하는 편이 보다 정확하다)을 갖고 있지 않다는 것은 리와 얀에 의해 처음으로 지적되었다. 원자핵·소립자의 세계에서 중요하게 다루어지고 있는 이 힘은 우리들의 상식에 반해 경영의 세계가 존재하지 않는 경우가 있다는 것을 알려 주었다. 이 업적으로 인해 1957년 노벨 물리학상은 리와 얀, 이 두 사람에게 주어졌다.

 이것은 한 작은 예이다. 사물을 추측하는데 너무 기성적 사고에 사로 잡혀 있다는 것은 생각해 볼 일이다. 이론이나 추론에는 당연 적용 범위가 있는데 언제부터인가 그런 것을 잊고 자신이 알고 있는 이론이 만능인 듯한 생각을 갖고 있는 것이다. 그러나 이에 대한 경계의 좋은 예가 경영(鏡映)에 관한 불변성인 것이다.

## (2) 상대성 이론에 대해

**맥스웰에 의해 전자 현상이 정확하게 다루어지게 되었다**

 19세기 후반이 되어 전기자기(電氣磁器) 현상을 다루는 방법이 확립되었다. 맥스웰이 전자 현상을 규정한 식을 맥스웰의 방정식이라고 부르고 있다. 뉴우톤의 방정식에 의해 역학 현상을 밝힐 수가 있었다. 마찬가지로 맥스웰의 방정식에 의해 전자 현상이 해명되었다. 1864년의 일이다. 이에 의해 전자파──여러분이 잘 알고 있는 전파(電波)이다──의 존재가 예언된 것이다. 그리고 이것은 진동하면서 전해져 간다. 즉 파동(波動)인 것이다. 이 진동의 모체가 에테르이라고 생각되어졌다. 탄성체 속에 파(波)가 전달되는 것과 같다. 탄성체(彈性體)에 대응하는 것이 에테르이다. 그리고 전자파는 전파 방향 수직으로 진동한다. 그 전파의 속도는 당시 알려져 있던 빛의 속도와 일치했던 것이다.
 이 에테르를 찾으려는 시험이 여러 가지로 행해졌다. 그 중에서 특히 유명한 것이 마이켈슨과 모데이에 의한 것이다. 그들은 지구가 태양 주위를 도는 공전 운동(公轉 運動)을 이용했다. 지구는 공전하면서 에테르 속을 운동하고 있는 것이다. 결론부터 말하자면 마이켈슨——모데이의 실험에 의해 지구는 에테르에 대해 움직이고 있지 않다는 사실이 밝혀졌던 것이다. 그 뿐만 아니고 이 실험으로 '움직이고 있는 물체는 축소되어 보인다'라고 생각할 수 있게 되었다.

### 아인쉬타인에 의한 명쾌한 생각

그러나 우주에 충만되어 있는 에테르에 대해 지구가 선택되고 있다. 즉, 지구와 에테르의 상대 운동은 없다라고 생각하면 할수록 아인쉬타인은 그것을 따를 수 없었다. 그는 에테르는 존재하지 않는다는 명쾌한 설정을 했다. 절대성(絶對性)은 에테르가 정지되어 있는 계(系)에 대해 사용하는 말이다. 그러므로 이미 절대계(絶對系)라는 것은 존재하지 않는다고 생각한 것이다. 그리고 서로의 상대 속도가 시간적으로 변하지 않는 좌표계에서는 모든 자연 법칙은 모두 같다고 가정했다. 게다가 그들 모든 계(系)에서 빛의 속도는 일정(매초 30만킬로미터 《$2.9979 \times 10^8$ m/s》)하게 등방적(等方的)으로 전해진다고 가정했던 것이다. 이 정도의 가정에서 얼마나 많은 결실이 나왔는가는 주지하고 있는 바와 같다. 전자 현상을 기술하는 막스웰 방정식의 귀결은 아무리 정밀한 실험으로도 바르다는 것이 나타났다. 그리고 아인쉬타인은 서로 $v$로 움직이고 있는 두 개의

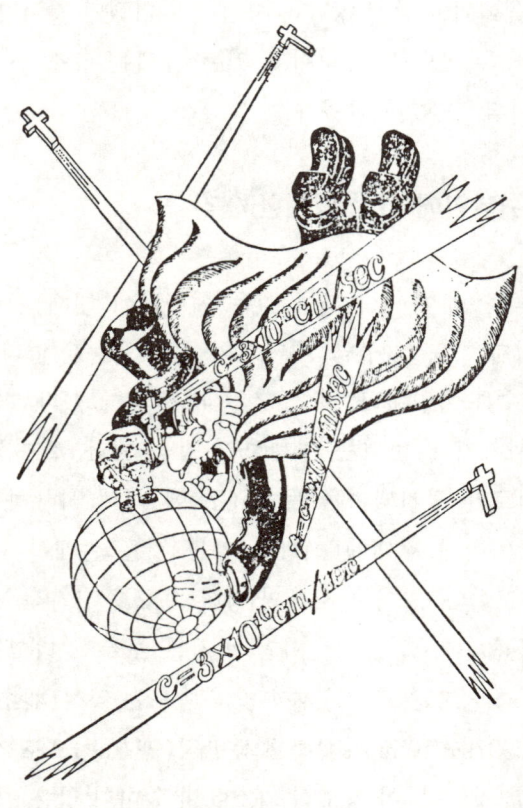

에테르는 없었다.

좌표계(28페이지 그림)에서 점 p를 보고$(x, y, z, t)(x', y', z', t')$으로 나타내면 이 두 개의 좌표는 다음과 같은 관계로 연결된다고 생각했던 것이다. [$t, t'$는 시각이다].

$$x' = \frac{x-vt}{\sqrt{1-\left(\frac{v}{c}\right)^2}}, \quad y'=y, \quad z'=z, \quad t'=\frac{t-\frac{v}{c^2}x}{\sqrt{1-\left(\frac{v}{c}\right)^2}}$$

[간단하게 하기 위해 움직이고 있는 방향을 $x, x'$축 방향으로 했다. 또 c는 진공중의 빛의 속도로 $c=2.9979\times10^8$m／s이다] 이것을 로렌츠 변환이라고 한다. 곧 알 수 있듯이 $v$가 c에 비해 충분히 작을 때는 잘 알려져 있는 갈릴레이 변환

$$x'=x-vt, \; y'=y, \; z'=z, \; t'=t$$

가 되어 고전적인 묘상과 일치한다.

 갈릴레이 변환이 아니고 이 로렌츠변환에 의해 막스웰 방정식이 모든 좌표계에서 불변이 되고 에테르가 정지되어 있는 듯이 보이는 계(系)를 찾는 것이 무의미하다는 결론이 난 것이다. 즉 모든 계(系)에서 같은 [c]를 갖고 전자파가 존재하는 것이므로 c에서 벗어나는 것을 찾는 실험은 무의미한 것이다.
 이것이 상대성 이론(相對性理論)의 틀이다. 여기에서 움직이고 있는 물체가 수축되어 있는 사실도 극히 자연스럽게 밝혀진다. 또 움직이고 있는 물체의 수명은 정지되어 있는 것에 비해 길어진다. 즉 움직이고 있는 계에서는 시간이 늦는 것이다.

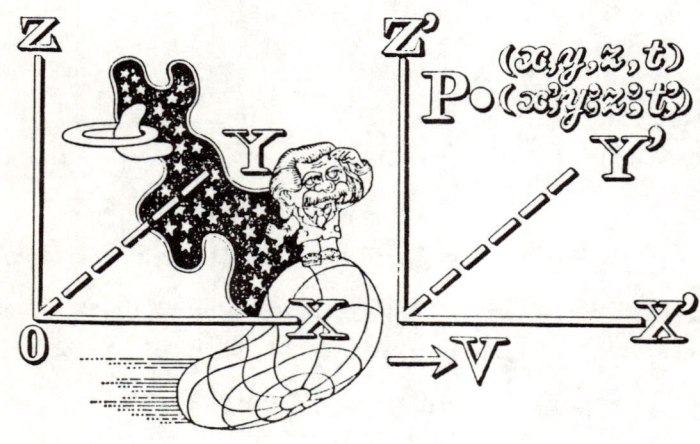

2개의 좌표계

## 시간과 공간은 대등하다

시각(時刻)에 c를 곱한 것──ct──를 기본으로 생각하면 전의 좌표 변환(로렌츠 변환)에서는 공간 좌표와 ct 좌표가 같은 형이 되어 있다는 것을 알아차렸다. 즉 상대론은 공간과 시간──시공(時空)──을 완전히 대등하게 다루고 있는 것이다. 시공의 대등성──또는 시공의 연속성이라고 해도 좋을 것이다──이야말로 상대론의 기반으로 되어 있다.

이 변환에 의해 다음과 같은 일이 일어나는 것도 알았다. 임의의 두 사건──사건이란 시공의 한 점을 가리킨다──에 대해서는, (1) 동시에 일어나는 듯이 보이는 좌표계를 취하거나, (2) 같은 장소에서 일어나는 듯이 보이는 좌표계를 취할 수 있다는 것이다. 기묘하게 생각할 지도 모르지만 상대론에 의해 바로 이렇게 되는 것이다.

　아인쉬타인에 의해 에테르는 버려지고 막스웰의 방정식이 우주를 지배한다고 생각할 수 있게 되었던 것이다. 즉, 세상은 전자적(電磁的) 세계로 이루어져 있는 것이다. 현재 아인쉬타인의 결과를 사용하여 의론하고 있다. 자세한 결과보다도 시공의 동등성——특히 이것을 도입하는 데는 [$c$]가 필요하다는 것——에 최대의 의의를 찾아볼 수 있을 것이다.

## (3) 양자론(量子論)에 대하여

### 공동 방사(空洞放射)의 문제를 프랭크는 해결했다

19세기 말, 물리학에서는 한 단순한 현상이 문제가 되었다. 이것은 공동 방사(空洞放射), 또는 흑체방사(黑體放射)라고 불리우는 것이다. 방사를 통과시키지 않는, 벽으로 둘러싸인 공동(空洞)이 열평형(熱平衡)에 달했을 때 그 공동(空洞)은 ─ 벽에 바늘 구멍을 뚫어 들여다 보면 ─ 어떤 파장의 빛을 발할까 하는 문제이다. 또는 흑체(黑體) ─ 모든 파장의 방사를 완전히 흡수함으로 석탄은 흑체에 가까운 성질을 지니는 것이다 ─ 는 온도를 올리면 점점 빛이 나는데, 이 빛과 온도와의 관계는 어떤 것인가라는 식으로 바꾸어 말해도 좋을 것이다.

놀랍게도 고전적인 역학(力學)·전자기학(電磁氣學)은 이 문제에 대해서는 완전히 무력했다. 완전히 잘못된 결과를 주었던 것이다. 그리고 이에 대해 최초의 단서를 나타낸 것이 막스 프랭크이다. 1900년 프랭크는 그의 이름을 빛낼 공식을 발표했다. 그것은 공동방사의 모습을 멋지게 수식으로 표현한 것이다. 그것은 실험 공식이었는데 그 배후에 있는 물리적인 것을 열심히 생각했던 것이다. 그 결과 마침내 빛은 입자(粒子)라는 결론에 도달했다. 빛의 진동수를 $\nu$라 하면, 에너지 $E$는 $E=h\nu$로 주어진다. 이 비례정수 $h$는 프랭크 정수라고 불리우고, $h=6.626\times10^{-27}$에르그초라는 작은 치(値)이다. 빛이 움직일 수 있는 에너지는 이 $h\nu$를 단위로 하여 그 정수배(整首倍)밖에 허락되지 않는 것이다.

### 이렇게 해서 양자론은 탄생했다

이것이 새로운 물리학——양자론——의 탄생 발단이다. 이 생각은 곧 혁명아인 아인쉬타인에 의해 광전 효과(光電効果)로 응용되고 빛이 금속에 충돌할 때도 입자로써 움직인다는 것을 입증했다. 에너지가 튀기며 뭉치는 것——이것을 '양자적(量子的)으로'라고도 한다——으로써 받아들이는 사고방식이 이렇게 해서 확립되었다.

한편 전자(電子)나 양자(量子)와 같은 단단한 입자도 파동적으로 나타내는 것이 드 브로이에 의해 주창되었다. 1924년의 일이다. 드 브로이의 물질파(物質波)를 잘 다루기 위해 1926년 엘빈 슈레이딩거는 하나의 방정식을 만들었다. 이것이 슈레이딩거의 파동 방정식(波動方程式)이다. 이에 의해 모든 입자가 파동(波動)이라는 것도 결론 내려졌다. 그리고 당시 문제가 되고 있던 수소 원자 중의 전자의 흔들림을 애매함없이 설명하는데 성공했던 것이다.

이보다 전에(1913년) 닐스 보어는 고전역학(古典力學)에 '양자 조건'을 과하는 것에 의해 수소원자의 모델을 만들었다. 이것은 태양계를 소형 장난감으로 만든 것과 같은 모델이다. 게다가 현상을 잘 설명하고 있는 것이다. 즉, 이에 의해 양자론과 고전론의 대응을 잘 알 수 있는 것이다. 이미 확립되어 있는 고전론과 양자론이 중복되어 사용되고 있는 곳에서는 양자론에 도입된 양(量)의 극한을 취하면 고전론으로 귀결되야 한다. 이것을 '대응 원리(對應原理)'라고 부르고 보어는 이 대응 원리가 성립되도록 양자 조건을 놓았던 것이다.

보어는 대응 원리가 동시에 상보성(相補性)이라는 것도 강조했다. 즉 사물에는 입자성과 파동성이 겸비되어 있고, 서로 보충되고 있다는 것이다. 입자——파동의 상대성에 대해 사용한 말인 것이다(현재는 앞으로 서술할 불확정성 원리를 만족시키는 공통 이변수가 상보적일 때도 사용한다). 보어의 모델은 불충분하기는 했지만 기하학적 묘상(描像)이 쉬우므로 이후 영향을 주었다.

### 하이젠베르크에 의해 양자 역학이 확립되었다

양자론을 완성한 것은 베르너 하이젠베르크이다. 1925년부터 일련의 일을 하고 있었다. 그 이후 양자론이라고 부르지 않고 양자 역학이라고도 불리우게 되었다. 하이젠베르크는 양자 역학의 근본으로써 자연계에는 결코 피할 수 없는 '불확정성'이 있다

는 것을 주창했다. 이것은 '불확정성 원리'라는 이름으로 불리우고 있다. 이 원리는 한 마디로 말하자면, 좌표 $x$와 '운동량 $p(p=mv)$간에는

$$\Delta x \cdot \Delta p \gtrsim \frac{h}{2\pi}$$

의 관계가 있다는 것을 나타낸 것이다. $\Delta$(……)라는 것은 불확정성(정도)을 나타내고 있다. 그러므로 만일 위치를 정확하게 정하려면 ($\Delta x=0$) 운동량에 대해서는 아무말도 할 수 없게 되는 ($\Delta p=\infty$) 것이다.

그렇지 않고서는 그 부등식은 만족되지 않는다. $h$가 매우

작기 때문에 이 불확정성 원리의 영향은 원자와 같은 미크로 세계에 한정되는 것이다.

입자의 운동 상태를 기술하는 데 두 가지 파라메이터(지금의 예에서는 $x$와 $p$이다)가 필요한 때 한쪽 정도(精度)를 올리면 다른쪽 정도(精度)가 나빠지는 것이 불확정성이었다. 그럼 이 성질은 무엇에 기인하는 것일까?

## 불확정성은 입자의 성질로써 인정된다

오늘날에는 이 문제는 해결되어 있다. 그것은 입자 자체에 ——과학자의 계산 능력에 한계가 있기 때문이 아니고 자연쪽에—— 통계적 성질이 갖추어져 있기 때문인 것이다. 입자의 위치나 운동량이라는 것은 확률적으로만 그 값을 예언할 수 있다. 물리량(物理量)을 측정하기 위해서는 반드시 기계가 필요하다. 원자나 소립자와 같은 것에 대해서는 자나 천칭은 아무런 도움도 되지 않는다. 다른 원자나 소립자를 갖고 있고 그들과 충돌——상호작용——을 하여 비로소 물리량이 측정되는 것이다. 그러나 비록 약한 빛인 곳에서 그것을 사용한 것보다 측정된 입자의 위치, 운동량에 영향을 준다. 즉 측정이라는 행위가 피측정물에 영향을 미치는 것이다. 측정에 사용하는 것도 측정되는 것도 마찬가지로 미크로의 입자이기 때문에 이런 것을 피할 수는 없다. 그 때문에 물리량이 어떤 값을 다루는 '확률' 만이 논의되는 것이다. 이에 의해 원자의 레벨에서는 하나의 원인이 있어도 나중에 일어나는 사태는 여러 가지라는 것을 알 수 있다. 결과는 다양하다. 그 중 어느 것이 어떤 확률로 일어날지를 결정할 수 있을 뿐이다. 그야말로 '일대다수' 형의 인과율이라고 할 수 있다.

이런 사정을 충분히 이해하기 위해 다음과 같은 단순한 실험을 생각해 보자.

**빛의 실험**

그림과 같이 스크린이 있고 매우 가는 스릿트(작은 틀)가 두 개 있다고 하자. 광원 $p$는 단색광(단일 진동수의 빛)이고 스크린에 비치면 빛 중 얼마가 스릿트를 통과하고 배후의 사진 건판에 도달한다(실험 (1)).

이 현상을 생각하기 위해서는 각 스릿트가 새로운 광원이 된다고 상상하는 것이 좋을 것이다. 스릿트 A에서 발생하는 빛의 파(波)는 B에서의 광파(光波)와 각각 겹쳐지게 된다. 파두(波頭)와 파두(波頭)가 겹치면 강하게 매우 밝아진다. 또 파두(波頭)와 파저(波底)가 겹쳐지면 완전히 사라져 암흑이 될 것이다. 이와같이 사진 건판위에는 명암의 띠모양호가 기록된다. 이것은 스릿트를 통해 회전된 빛의 파가 계속해거 여러가지로 간섭하는 모습을 나타낸다. 이 회절호(回折縞)라고 불리우는 것이 파동 현상의 특징인 것이다.

**전자의 실험**

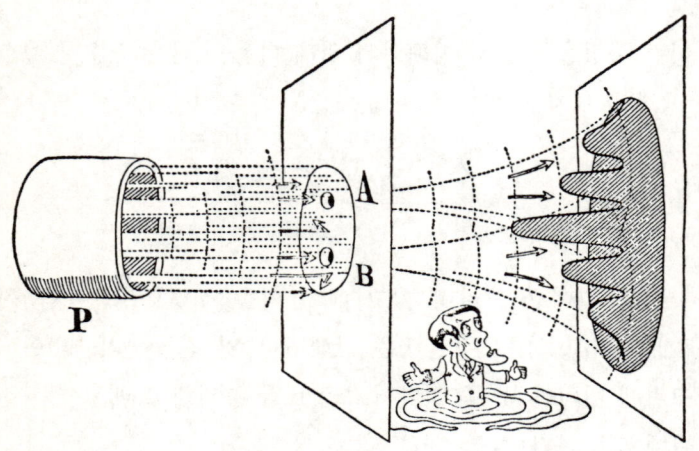

2개의 스릿트에 의한 실험(1) : 빛의 파동성을 나타낸다.

　이번에는 P에서의 광원을 전자발생 장치로 바꾸어 보자. P를 내는 전자의 속도는 모두 같다고 할 수 있다. 그리고 사진 건판 전에 가이거 계수관과 같은 기구를 두고 전자 하나하나를 검지(檢知)할 수 있도록 한다(사진 건판도 전자 전체의 비적(飛跡)을 잡을 수 있지만 우리들은 전자 1개 1개가 건판에 도달하는 기록도 하고 싶은 것이다. 그렇게 하면 겹쳐진 결과만이 아니고 개개의 통과를 볼 수 있으므로 정보를 한층 더 얻을 수 있는 것이다).
　이 전자에 관한 실험(2)를 시작한다. 우선 스릿트 B를 닫는다. 그림으로 알 수 있듯이 이와같이 하면 사진 건판에는 단순한

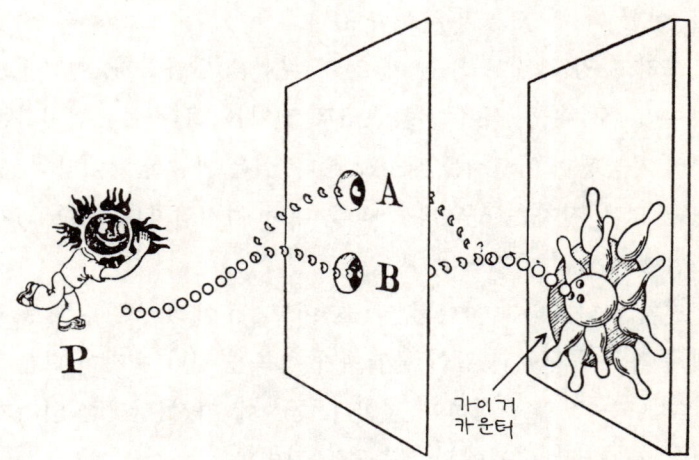

2개의 스릿트에 의한 실험(2): 전자(電子)의 파동성을 나타낸다.

점(단 그 가장자리는 희미해져 있다)이 나올 뿐이다. 점이 나타난다는 사항에서는 전자를 파(波)라고 생각할 수 있는 필연성은 없다. 파(波)라고 생각해도 특별히 나쁜 것은 없지만 전자는 입자의 모습을 하고 있다고 생각해도 좋고, 점 가장자리가 희미해지는 것은 스릿트 끝에 의한 효과라고 생각하는 것이 좋은 것이다. 스릿트 끝에 있는 전자는 관측되는 바와 같은 형의 점(희미한)을 만들어 내는 것이다.

만일 이것이 바른 해석이라면 스릿트 B를 열고 실험을 반복해도 같은 점이 나란히 나온다는 것을 기대할 수 있을 뿐이다. 스릿트 A에 의한 하나의 점과 스릿트 B에 의한 또 하나의 점이다. 그러나 실제로 해 보면 이렇게는 되지 않는다. 사진 건판에는 파동의 간섭에 의한 호──회절호(回折縞)──가 만들어진다. 실험 (1)의 파동의 경우와 같다.

그리고 양 스릿트를 연 채 전자 실험을 반복하자. 이번에는 가이거 계수관을 사용하여 실제로 전자를 하나하나 검지하는 것이 가능한지 어떤지를 시험해 본다. 실은 가능한 것이다. 계수관에 닿은 전자는 하나씩 소리를 내며 하전입자(荷電粒子)가 도달했다는 것이 기록된다.

전자 하나하나가 하나의 파(波)이고, 두 개의 스릿트를 동시에 통과하여 구름과 같이 물결쳐가 한쪽을 지나는 것이 다른쪽을 지나는 것과 간섭하는 것이다. 동시에 다시 단단한 입자가 되어 가이거 계수관에서 검출되는 것이다.

이 불가사의한 사태가 바로 입자──파동 쌍대성(雙對性)의 본질이다. 상보성(相補性)의 본질인 것이다. 독자 여러분은 자기 나름대로 해결해 보기 바란다. 아무리 생각해도 입자 자체에 이 양자의 성질이 있다고 하지 않을 수 없다.

슈레이딩거는 파동성에 비중을 두고 정식화했다. 하이젠베르크는 입자성에 비중을 두고 정식화한 것이다. 그러나 바로 뒤에 1926년, 이 두 가지 정식화가 완전히 동등하다는 것이 제시되었다. 그리고 오늘날의 물질은 파동성과 입자성 양자를 겸하고 있다고 생각하기에 이르렀다.

# 제2장
# 인간의 뇌는 왜 커졌는가

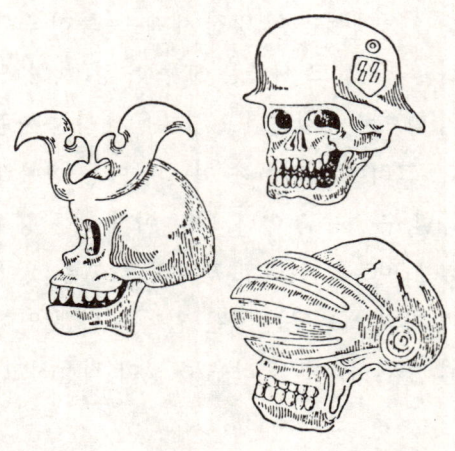

다른 쪽에서는 이 멋진 세계──특히 인류의 성질──를 보고 사물은 모두 수성(獸性)으로서의 힘으로 귀결된다고 결론을 내리는 사람도 있다. 그러나 우리들은 이 결론에는 아무래도 만족할 수 없는 것이다. 나는 이미 모든 정해진 법칙에 따르고 있다고 생각하고 싶은 것이다. 그 법칙의 세부에는 좋은 일이든 나쁜 일이든 소위 우연이라고 불리우는 것이 작용하고 있다.

──찰스 다아윈(1809년~1882년)

## 다윈에 의한「종의 기원」

1859년에 찰스 다아윈은 그의 저서「종의 기원」을 출판했다. 그때 세상에는 뉴우톤적 세계관이 충만되어 있었다. 세계는 기계의 톱니바퀴처럼 정연하게 이가 맞물려 진행되고 있다고 생각되고 있었다. 결정론적(決定論的)으로 생각할 때 비로소 가치가 있다고 했었다. 그러므로 다윈에 의한 진화의 설명은 당시의 풍조와 맞았다고 할 수 있다. 다아윈 설은 현상을 설명하는 훌륭한, 가치있는 일이다. 그가 주창하는 진화론은 이 지구상에 있어서 생명체의 진화 발전에 대한 묘상을 상세하게 가르쳐 준다. 여기에서는 현대 과학의 시야로 보충하면서 진화라는 것, 특히 인류가 오늘날까지 살아남아 온 과정에 대해 논해 보기로 하겠다.

## 유전자와 DNA

유전자라는 것은 DNA(디옥시리보 핵산)분자로 성립되어 있다. 그 다수가 함께 결합되어 염색체라고 불리우는 긴 실과 같은 구조로 되어 있다. 유전자와 염색체는 식물이나 동물 모든 생물의 세포핵에 있다.

매우 복잡한 구조를 하고 있는 DNA 분자가 가장 중요한 기능으로써 옮기고 있는 것은 아마도 부모로부터 자손으로 전해지는 특질을 결정하는 풍부한 정보이다. DNA 분자는 가장 기본적인 생명 기능──모사(模寫)──을 갖고 있는 것이다.

DNA 분자는 극도로 복잡하기도 하지만 그 성분이나 복잡도를 제외하고는 다른 분자와 다름이 없다. 특히 그 어떤 불가사의한 방법으로 무기(無機) 분자와 달라지는 일은 없다.

수미일관(首尾一貫)된 입장을 취해 다음과 같이 가정하자. 즉 물리학 법칙의 본질은 유전학에 대해서도 완전하고 충분한 길잡이 역할을 한다고 하자. 실제로 물리학 법칙에 포함되는 원리는 매우 명쾌함으로 생명 분야에서도 충분히 통용될 것이다.

최초로 떠오르는 의문은 다음과 같은 것이다. 즉 지상에서의 생명의 형태에 있어서는 대체 어떤 식으로 변동이 생기는 것인가? 자연은 부동(不動)의 물리 법칙을 질서있게 물 흐르듯이 이행하고 있다. 그런데 어찌하여 분화가 되는 것인가?

### 분화(分化)는 유전자의 혼합에 의해 일어난다

그 의문에 대한 답을 해 보자. 대부분 다소 기계론(機械論)

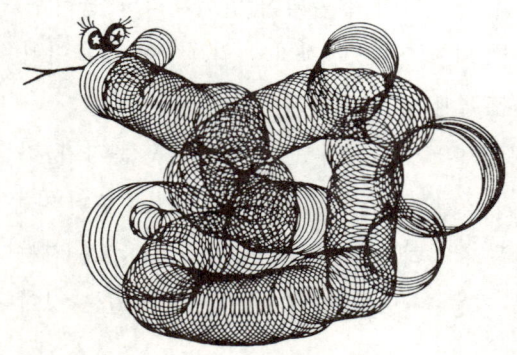

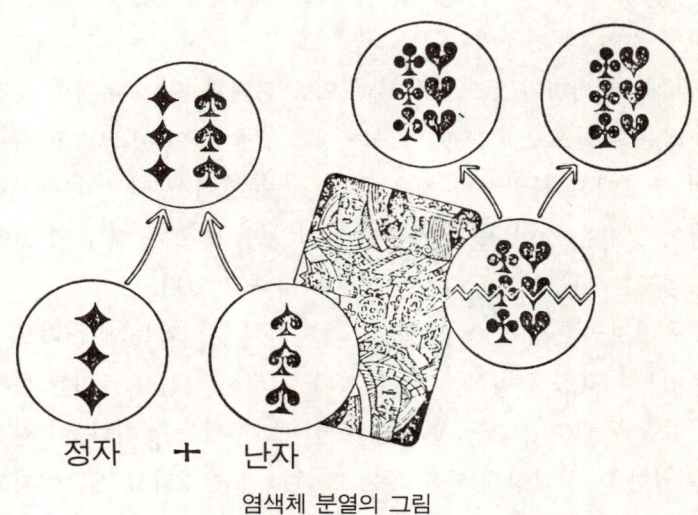
염색체 분열의 그림

의 패턴에 따르고 있다.

　세포가 같은 종류의 것을 하나 만들려고 분열할 때에는 통상 세포핵이 딱 두 개로 나뉜다. 그때 DNA 분자에서 생긴 실모양의 염색체는 각각 세로로 두 개로 분열하는 것이다. 종으로 반이 된 DNA 분자는 그 잃은 부분을 자기 복제하여 원래의 전체 분자로 돌아간다. 이렇게 해서 기초가 된 반쪽의 DNA가 동일의(그리고 완전한) 유전 정보를 각 세포로 운반한다. 그러나 정자와 난자의 세포를 형성할 때는 그와 다른 양식으로 세포 분열이 일어난다. 즉 분열되어 생긴 세포에는 생물에 필요한 염색체 수의 반만이 들어가 있다. 그러므로 이들 각 세포는 완전한 활동 단위를 형성하는데, 또 한쌍의 염색체와의 결합에 의존하는 것이 되는 것이다.

따라서 세대가 부모에서 자손으로 전해질 때, 말하자면 유전자라는 트럼프로 카드를 바꾸는 것과 같은 것이다. 그리고 각자의 부모에서 불완전한 쌍을 주고 그 두쌍에서 새로이 완전한 쌍이 생기는 것이다. 각 자손은 말하자면, 새로운, 때 묻지 않은 트럼프를 나누어 받는다는 것을 나타내고 있다.

유전자의 혼합을 생각하면 통상 자식이 부모와는 매우 다르게 보이는 이유를 용이하게 알 수 있다. 개체는 자신을 둘러싼 환경 인자를 통해 이후 자신을 계속해서 분화시키는 것이다. 이 환경에 의한 분화 과정에 의해 실은 그 개체가 진화되고 만들어지고 있는 것이다. 개체는 비만할지도 모르고 야위었을지도 모른다. 동족 중에서는 약할지도 모르고 또는 우량일지도 모른다. 유전자의 혼합과 환경 인자에 의해 이런 일이 결정되고 있다.

### 변종 출현은 진화상 중요하다

진화상 나타나는 색다른 종의 출현은 실은 통상의 유전과는 다른 기구에 기반을 두고 있다. 이것은 매우 델리케이트한, 그리고 중요한 기구이다. 즉 그 어떤 유전자의 화학 구조 그 자체에 변화가 있는 것이다. 이런 변이, 즉 돌연변이가 일어나는 것은 DNA 분자가 모사(模寫)를 행하는 정도로 안전한 일을 하는 것에 성공하지 못했을 때이다. 그 원인은 충분하게 해명되어 있지 않지만 이런 일을 일으키고 있는 원인은 어떤 종류의 화학

물질, 열, 또는 X선, 우주선이라는 고에너지 방사선 등에 있다. 이 변이는 완전 무작위적으로 일어나고 있는 듯이 보인다. 그리고 새로운 생물을 결정하는 처방전으로 아주 참신한 입력 정보를 만들고 있다. 자연이 차례차례 구분하는, 힘이 작용하는 원재료는 돌연변이에 의해 제공되는 것이다.

이런 변이 종(種)은 모두 마치 화폐를 톡 튕기듯이 우연히 행해지는 일인 것이다. 그리고 그 변종의 대부분은 적응성의 면에서 불리한 입장에 서는 운명에 있는 것이다. 실제로 다수의 변이체가 곧 죽어간다.

그러나 화폐에는 모두 양면이 있다. 우연히 불리한 점을 같이 나오게 할 때도 있는가 하면 그 반대가 되는 경우도 있는 것이다.

아주 극소수의 것은 변이에 의해 유리한 점을 제공받는 것임에 틀림없다. 그리고 이 점이 바로 종종 인용되는 문구──적자생존의 의미가 구체적으로 나타나고 있다.

환경에 의한 압박──이것은 통상 자연 도태의 압력이라고 하고 있다──에 의해 곧 이 변이체(變異體)가 흔들리기 시작한다. 그 예는 상대적으로 우위를 유지하고 다른 예에서는 열등한 위치를 차지하는 일이 일어나는 것이다. 적응을 보다 잘 하는 변이체는 마침내 적대자(敵對者)보다 더 성공을 거두고 있다. 그 성공도는 적어도 통계적으로는 종종 중요한 정도인 것이다 (여기에서 말하는 '적대자'라는 말은 바로 논의의 대상이 되고 있는 것으로써 그 첨단이지만).

### 분차 생식(分差生殖)

진화의 과정이 말살되지 않고 때때로 축복스러운 쪽으로 진행되는 것은 자연의 방침에 따라 진화가 되고 있을 경우 뿐이다. 최종적으로 분석을 해 보면 이런 일이 행해지는 것은 진화의 전문어로 분차 생식(分差生殖)이라고 불리우고 있는 것을 통해서이다.

즉 그 시점에서 진화 노선이 접선 방향으로——진화의 노선에 따라——생식이 되었을 때 축복받는 것이다.

진화라는 관점에서 보아 성공도를 측정하는 최대의 척도는 생식이다. 이것이야말로 결정적이다. 개체 두 개를 비교하면 그 어느 한쪽이 우수하다. 가장 우수한 개체가 다음 세대의 최상의 대표자가 된다는 것은 분명한 사실이다. 그리고 그 특징은 다음 대에 가서 더욱 빈번하게 나타나고, 다음 다음으로 후세대로 전해져 갈 것이다. 아주 조금 유전학상의 유리한 조건이 소수의 개체에 분포되어 있는 것에 지나지 않는다고 해도 그것이 누적되면 큰 효과를 올릴 수 있는 것이다. 즉, 그 경우는 자연도태의 압력이 그 변이를 우위에 서 있는 듯이 존속하고 있을 때이다.

자연 도태에 의해 어떤 방향으로 선택이 행해졌다고 하자. 그 방향을 따라 운반하는 차(車)와 같은 역할을 분차생식은 다하고 있는 것이다. 환경으로의 적응이 유리한 점을 자손에게 재현하는 것이 가능한 개체가 진화라는 장기적 관점에서 보았을 때 유리한 자인 것이다. 다윈의 생존 경쟁의 옛 개념은 고유의 피비린내 나는 의미를 담고 있었다. 그 생각은 이 새로운 캐치 프레이즈——분차생식——에 의해 세련된 듯이 생각된다. 생존경쟁이라는 것보다도 분차생식이라고 하는 편이 일반성을 갖고 있다.

[주] 진화의 노선이 있다고 하고, 그 노선의 방향을 따라 생식해 가는 것을 분차생식(分差生殖)이라고 한다. 바꾸어 말하자면, 그 노선을 결정하는 자극이 있었다면, 그 자극의 강도 자체가 아니라 강도의 증감 또는 변화 속도에 따라 생식(生殖)해가는 것을 가리키는 것이다.

## 경쟁은 진화과정에서 중요한 인자(因子)이다

진화(進化)에 있어서 적응성 중 가장 중요하다고 할 수 있는 것의 하나는 경쟁에 대한 적응이다. 여기에서 객관적인 타당성을 갖기 위해서는 경쟁이라는 말에 주의 해야 한다. 자연(自然)을 너무 의인화(擬人化)한 견해이다.

예를 들면, 2종류의 풀이 같은 지대에 밀집적으로 살고 있다고 하자. 그리고 양쪽 모두가 다량의 직사 일광을 필요로 한다고 하자. 아마도 서로 경쟁하여 적응하는 현상이 나타나는 것은 우선 한쪽이 보다 크게, 그리고 동시에 조금씩 잎을 여분으로 벌려 가고 있는 형이다. 풀들에게서는 이런 일을 자주 볼 수 있다. 그 결과 경쟁 상대에게는 일광 조사량이 적어질 것이다. 그 풀의 수는 점점 흩어지고 쇠퇴해져 가다가 끝내 완전히 소멸한다. 여기에는 '엽록소로 숨쉬는 생존 경쟁'이라는 피비린내

큰 풀과 작은 풀

나는 요소는 거의 없는 것이다. 그럼에도 불구하고 두 종류의 것은 직접 싸우고 있는 까닭에 아무리 보아도 그야말로 적대자 관계가 있다.

진화 공식의 중요한 의미 또는 그 규모가 장기간인 경우도 있다. 지구상에 오늘날과 같은 다양성을 가진 복잡한 생명을 만들기 위해서는 무수하다고도 할 수 있을 정도의 일이 일어날 것임에 틀림없다. 그런 일이 일어나는데 필요한 시간은 거의 믿기 힘들 정도의 장대한 것일 것이다. 30억년 내지 40억년은 확실하게 걸리고 있다.

그 동안에 정말로 막대한 일이 일어났다. 생태학상 무수한 지위가 제시되었다. 그 중에는 계속해서 제시되고 있는 것도 있고 또 후에 받아들여진 것도 있다. 이런 생태학상의 공위를 채우려고 경합할 때는 그 몇 배의 다양한 적응성이 나타난다. 어떤 것은 성공하고 어떤 것은 실패했다. 그 적응성 대부분은 풀의 예에서 나타나듯이 직접적으로 결합하는 것이었다. 그러나 모든 경우가 쉽고 무저항적인 것은 아니었다.

일반적으로 말해서 2개의 경합하는 종(種)의 생활 양식이 비슷할수록 양자간의 경쟁은 크다. 풀의 경우도 그렇다. 화석으로써 기록이 남아있는 것을 보면 생활에 필요한 것이 매우 유사한 두 종류의 동물은 같은 영지에 살고 있을 때는 반드시 한쪽이 다른쪽을 지배하고 지배당한 쪽은 종종 전멸하는 것이 관측되고 있다. 공통적으로 알 수 있는 것은 한쪽 종이―이것은 처음부터 작은 점에서 다른 쪽보다도 반드시 우위에 선다― 다른 한쪽 종을 압박하고, 양자 공통 경합하고 있는 범위를 넘어 새로운 분화를 하려 하는 것이다. 실패한 쪽은 수자상으로 계속해서 적어지고 그 결과 서서히 전멸의 위기에 서게 되는 것이다. 그런 종(種) 사이의 경합은 적극적으로 벌리지 않는다. 평화적인 수단을 이용하여 행해지는 것이다. 동물끼리도 이런 일에 대해 유혈을 보이는 일은 없고 또 눈물도 볼 수 없는 것이 통례이다(여기에서 자연을 의인화하여 표현한 것을 양해하기 바란다.).

그러나 경쟁의 형에는 좀 다른 것이 있다. 그것은 활동적인 것으로, 종종 계속해서 공격을 하는 형으로 나타난다. 그리고 이번에는 전보다 더욱 경쟁이라는 정의에 걸맞는 그림을 그리는 것이다.

### 인류에 있어서 경쟁

인간의 경우에는 이런 형의 경쟁이 일어났던 것이 분명하다. 즉 지배권을 얻으려고 만인에게 명백한 공격적인 투쟁이 일어났던 것이다. 인류가 출현했을 때 갖고 있던 특징은 생각할 수 있는 한 가장 야만적이라고 생각되는 형의 투쟁──다른 것으로도 여러 가지의 형이 가능한데 짐승같은 형태를 취하고 있는 것이다──이었다. 인류와 가장 유사한 경쟁 상대가 절멸한지는 오래 되었다. 그러나 인류는 아마도 그 최초의 출현 이래 분차생식 도구의 궁극적인 형을 익혔던 것일까? 그 형이란, 즉 경쟁상대를 직접 학살하는 것이다. 인류에게는 '적자생존'이라는 그 피비린내 나는 면을 강조하면서도 오래된 본래의 의미를 계속해서 유지하고 있는 것이다. 이 생물이야말로 적자생존이라는 문구를 자기 자신의 목적에 따라 만들어낸 것이다. 그야말로 19세기 철학자들이 표현한 그대로이다.

## 가장 오래된 유인 동물(類人動物)은 오스트랄로피테쿠스군이다

현재 알려져 있는 절멸종(絶滅種)의 유인 동물로 가장 오래된 것은 '오스트랄로피테쿠스군이다. 그 일종인 오스트랄로피테쿠스 아프리카누스는 1924년에 요하네스부르크에서 발견되어 곧바로 분석한 결과 그것은 레이몬드 다트에 의해 인류 초기의 형태──라기 보다 오히려 인류의 '선구자'라고 하는 편이 좋을 것이었다. 이 생물은 지구상을──적어도 아프리카 대륙을── 4~5백만년에 걸쳐 살고 있었다. 그리고 아마도 75만년 전에 인류와 가장 가까운 종으로써 최초의 형, 인속(人屬)일 것이라고 여겨졌다.

그러나 그 정확한 시대는 반론의 여지가 있다. L·S·B·리키와 그의 아내 메리 리키는 자신들이 호모 하비리스라고 불렀던 아프리카 동부에 살던 생물의 기원은 200만년 전 이상으로 거슬러 올라간다고 주장하고 있다. 그러나 전문가들 대부분은 ──비록 대부분이 아니더라도──호모 하비리스가 실제로는 오스트랄로피테쿠스군이 진보된 형, 또는 후속형에 지나지 않는다고 주장하고 있다. 그러나 최초의 '진실한 인간'을 발견했다는 리키의 주장은 그렇게 간단하게는 받아들여질 수 없었다. 리챠

드 리키의 발견에 대해 흥미있는 것은, 그 극단적으로 오래된 연대였다. 즉 약 150만년 전인 것이다. 그러면 오스트랄로피테쿠스군에서의 파생은 더 오래된 것으로 75만년 전이 되어 버린다. 그러나 리키의 견해는 다음과 같은 것을 확립하려는데 주안을 두고 있었던 것 같다. 즉 인속(人屬)은 오스트랄로피테쿠스에서 발전해 온 것이 아니고 더 이른 선조인 라마피테쿠스에서 직접 진화되어 왔다는 것이다. 이것은 많은 사람에게 오스트랄로피테쿠스군을 포함한 모든 유인동물의 공통 선조라고 믿어지고 있다. 바꾸어 말하자면 리키는 인속(人屬)과 오스트랄로피테쿠스는 라마피테쿠스를 출발점으로 해서 처음부터 다른 발전선을 따라 왔다는 생각을 취하는 것이다. 이 생각은 최근 출판물에 있어서 어느 정도 검토의 여지가 있다고 생각되어지고 있다.

### 오스트랄로피테쿠스군은 잔인한 동물이었다

생각을 진전시켜 나감에 따라 리키가(家) 사람들과 마찬가지로 왜 우리들이 직접 선조로서 오스트랄로피테쿠스군을 버리고 싶어하는 지를 알게 될 것이다. 오스트랄로피테스군——적어도 그 한 분파——는 특히 잔인한 동물이었다. 그러나 직립원인(直立原人)도 대체로 그랬으니까 우리들이 여기에서 다루고 있는 논점에 대해서는 그 논쟁이 최종적으로 어느쪽으로 결착되든 거의 변함은 없다. 우리들은 여기에서는 많은 전문가가 생각하고 있는 방향에 따른다.

오스트랄로피테쿠스 아프리카누스의 피부는 털로 뒤덮혀

있고 두뇌는 비교적 우둔한 부류에 들었다. 그러나 인간과 매우 닮은 동물이었다. 그것은 작아서 아마도 신장은 120센티미터 정도이고 체중은 45킬로그램 이하였다. 완전히 직립(直立)해서 걷고, 인간을 규준으로 한 결과에서는 걷는 모습은 약간 발을 끌면서 잔걸음으로 걸었을 것임에 틀림없다. 여러가지 사항으로 도구를 만드는 노력을 했다는 흔적이 남아 있다. 그런 종(種)의 도구(道具)의 기원은 약 200만년 전 이상으로 거슬러 올라간다.

이와같이 인류라고 단정할 수 있는 행동을 했음에도 불구하고 두뇌는 현대인에 비하면 작았다. 뇌를 넣는 두개골 부분의 발달로 판정하면 말도 할 수 없었다는 결론이 나온다. 불을 이용했다는 증거는 없다. 불의 사용이라는, 영향력 있는 획기적인 사건은 시작된지 40만년밖에 되지 않는 것이다. 불을 사용했다는 것은 오스트랄로피테쿠스 아프리카누스의 계승자인 직립원인이 그 처음이다.

## 오스트랄로피테쿠스군의 잔인함은 화석에까지 남아 있다

오스트랄로피테쿠스군은 그 발견자의 생각에 의하면 오늘날 인류의 표준에 비추어 매우 험악한 부류였다. 다트는 화석에 기록되어 있는 강력한 증거를 발견했다. 그에 의하면 이 생물은 약탈 등이 습성으로 되어 있을 뿐만 아니라 아주 간단하게 동족을 살해하고 있었다. 다트에 의해 금이 간 수십 개의 두개골과 오스트랄로피테쿠스군의 것이라고 여겨지는 두개골수에 이상(頭蓋骨數例以上)이 발견되었다. 분석해 보면 그것을 지니고 있었던 이들은 단순히 손을 잘 썼을 뿐만 아니라 대부분 오른손잡이였다. 다트는 사냥의 앞발 뼈가 아마도 곤봉상의 무기였을 것이라고 주장하고 있다. 이 뼈가 오스트랄로피테쿠스군이 학살되어 화석이 되어 있는 곳에 이상하게 많다는 점으로 보아 다트의 생각은 옳은 것 같다.

다트의 결론은 명쾌하다고 생각할 수 있다. 그러나 모든 연구자가 완전히 인정하고 있지는 않다. 그에 대한 반론의 주된 것은 다음과 같은 것이다. 뼈의 화석이 말해주는 그 학살(虐殺)은 오스트랄로피테쿠스군이 한 것이 아니고 하이에나의 짓이라는 것이다.

하이에나 사이에서 사냥의 앞다리가 좋은 먹이로 이용되고 있다면 그런 무기의 설명도 되고 또 마찬가지로 뼈가 많이 있는 가운데 사냥의 것이 이상하게 많다는 것도 설명이 되는 것이다. 그러나 다트의 분석으로 알 수 있듯이 두개골이 계통적으로 깎여져 있는 것에 대한 의문은 아무것도 밝혀지고 있지 않다. 그 두개골에 의해 성미가 급하고, 무기를 다루고 있었던 생물이라는 것이 시사되고 있는 것이다.

전문가들이 모인 회의에서 그 어떤 진실을 투표로 정하는 위원회에 의한 과학은 진실에 도달하는데 있어서는 아무리 보아도 지나치게 빈곤한 방법이다. 그러나 한층 복잡한 이 분야에서는 우리들은 비전문가로서 전문가에게 필연적으로 머리를 숙이지 않으면 안된다. 그렇게는 말해도 전문가 중에서 두세 명을 선택하여 가장 편견이 없다고 생각되는 것이 투표하는 사람들을 찾아내는 권리를 보존하고 있다고 주장한다. 따라서 우리들은 크루텐과 마찬가지로 다음과 같은 결론을 내린다. '이런 사실에 의해 양쪽 원인으로(오스트랄로피테쿠스군의 잔학성과 다른 육식동물의 이식이 되었다는 것으로) 트랜스벌(남아연방 북동부주)의 동굴에 있어서 많은 뼈가 발견되었다고 생각된다.'

### 살육이야말로 원시인의 마음에 맞는 것이다

오스트랄로피테쿠스의 유혈(流血)을 즐기는 경향은 처음에는 한정되어 있었다. 이것은 틀림없는 일이었다. 작은 사냥물이나 작은 동물류(쥐, 다람쥐 등)와 같은 것으로 그 욕구는 만족되었다. 그 뒤 사냥물이 풍부한 아프리카 초원 지대에서 생활에 대한 적응이 완전해짐에 따라 고기에 대한 기호는 더더욱 증대되었다. 사냥물도 바뀌게 되었다——이전에 숲에 살고 있을 때는 과일이나 나무열매라는 음식은 즐겼다——그런 옛날 식생활에서 사냥물을 찾는 생활로 바뀜에 따라 포식(도망치는 동물을 습격하여 잡아먹는 것)하는 것이 그 확고한 습성의 일부분이 되어갔다.

발달의 정확한 시기가 언제였는지는 분명하지 않다. 그러나 원시인의 유혈(流血)을 즐기는 습성은 그 역사상 매우 이른 시기에 충분한 발달을 보였다. 직립원인(直立原人)이 표면에 나타나 지배하게 되기까지 인류는 사냥하는 방법을 충분히 개발하고 그 습성으로 삼고 있었던 것이다. 30만년 전 화석에 남겨진 살륙——코끼리도 대량으로 죽어 있다——에 의하면 짐승류 중 최대인 원시인의 유혈에 대한 욕구를 알 수가 있었던 것이다.

이 이외에도——왕성하게 사냥을 시작했던 시기보다 전에 있었던 일이지만——오스트랄로피테쿠스 아프리카누스가 자신에게 가까운 적대자를 앞에서 말한 새로운 방식이라고도 할 수 있는 취급——포식——을 했다는 것이 여러 가지 증거로써 나타나고 있다.

### 오스트랄로피테쿠스 아프리카누스와 로브스스

오스트랄로피테쿠스 아프리카누스는 사냥물을 찾아 초원으로 옮겨 다녔다. 한편 아마도 동작이 더욱 느리고, 더 크고, 다소 생김새가 나왔을 것 같은 종——오스트랄로피테쿠스 로브스스——쪽은 숲속 생활 환경 속에서 온화한 생활양식을 취해 사는 길을 선택했다. 처음부터 오스트랄로피테쿠스 로브스스는 채식주의에 기반을 두고 있었다. 오스트랄로피테쿠스 아프리카누스가 평화를 바라는 동포——로브스스——를 만나면 그야말로 좋은 사냥감이라고 생각했다.

바로 적자생존(適者生存)이라는 것이 옛모양 그대로——널리 알려져 있는 19세기적인 의미로——유효하게 작용하고 있었던 것이다. 오스트랄로피테쿠스 아프리카누스는 진화되어 직립원인이 되고 또 거기에서 인류가 생기고 마침내는 현대인이 되었던 것이다. 오스트랄로피테쿠스 로브스스는 아프리카누스의 발전선상에 있었기 때문에 점점 매력을 잃었다. 그리고 직립 원인으로 이행될 무렵 전멸했다. 이런 싸움에 있어서도 이런 무서운 망령——험악한 성공을 쉽게 거두려는 것——이 부수되는 것이 보통인데 지금 든 경우에 있어서도 그것은 진실인 것이다. 그 가능성은 매우 농후하다. 그렇다고 한다면 로버트 아드레이가 그 계몽서「아프리카종」의 첫머리에서 정확하게 총괄하고 있듯이 '인류의 탄생은 깨끗한 마음에서 출발했던 것은 아니다.'

오스트랄로피테쿠스 로브스스와 아프리카누스는 결국 전혀 다른 것이며, 오늘날에는 별종(別種)으로써 분류되고 있다. 그럼 오스트랄로피테쿠스 아프리카누스가 자신과 같은 종족조차 종종 죽였다는 다트의 논점은 어떻게 되는 것인가. 이 문제를

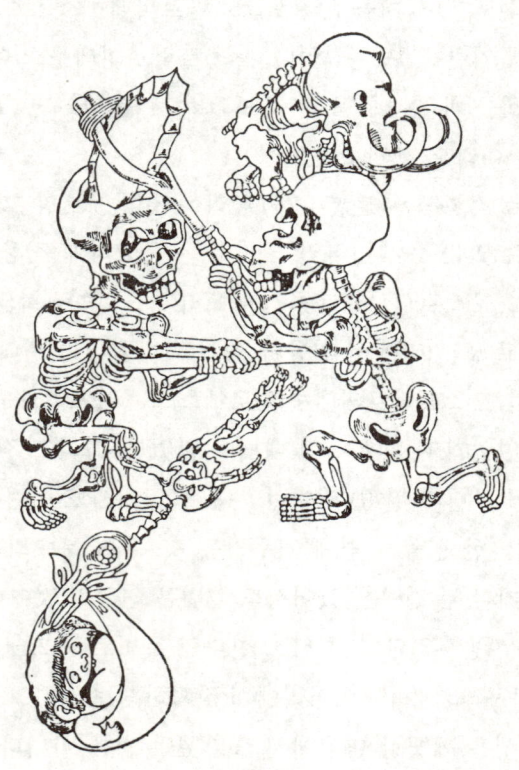

'인류의 탄생은 더러운 마음에서 행하여진 것은 아니다.'

적절하게 처리하기 위해서 우선 먼저 약간 옆길로 눈을 돌리기로 하겠다. 그리고 공격과 포식의 차이를 지적해 둔다.

## 공격과 포식의 차이

집에서 기르고 있는 고양이가 쥐를 반쯤 죽여서 먹는 것은 고양이에게 특별히 유감이 있어서는 아니다. 또 뿔이 있는 사슴은 음식물 때문에 서로 뿔을 부딪치며 싸우지는 않는다. 분명히 포식(捕食)과 공격(攻擊)과는 다른 것이다. 양쪽 모두 투쟁 행위의 양상을 띠고 있지만 유사점은 그것으로 끝나고 있다. 포식의 성격을 지닌 싸움이 끝나는 것은 보통 노획물의 죽음에 의한다. 죽음은 언제나 이차적인 목적으로써 필요하다. 비록 독수리가 하늘에서 내려와 사냥감을 낚아채는 경우에나 슈퍼마켓에서 자신이 좋아하는 음식을 구하는 짐승——당신이나 나——이나 그 어느 상황에서든 죽음이 필요한 것이다. 그에 대해 공격에 동반되는 투쟁은 죽음을 결론으로 삼는 성질의 것이다. 적대자끼리의 싸움——경계선을 둘러싼 분쟁이나 유능한 동료와의 싸움과 항상 관계되어 있는 싸움——은 위험도가 높다기보다 의식적인 색채를 띠는 것이 통례이다.

하나의 종에 위험한 무기——예를 들면 개의 이빨과 같은 예리한 이나 독수리의 발톱, 독약 또는 조금만 사용해도 적을 죽일 수 있을 만한 무기——가 갖추어져 있을 경우에는 동일 종(種) 내에서의 공격에 대해서는 우선 거의 사용하지 않는다. 통상 종의 구성원을 죽이는 것을 금지하는 특별한 기구가 진화 결과 생기고 있는 것이다. 즉 전 투쟁 행위가 종종 하나의 시합과 같은 형으로 되어 있는 것이다.(Ⅰ아이블 아이베스펠트의「윤리학──행동의 생물학」에서).뱀끼리의 싸움을 보고 있으면 그 사정을 잘 알 수 있다. 적대자끼리 상대를 서로 치고 물지만 죽이지 않으려고 충분히 주의하고 있다.

## 공격은 본능이 명하는 것이다

공격적인 접촉은 그 목적으로써는 자원의 보존이나 재분배의 의미를 갖고, 적대자의 죽음은 의미하고 있지 않은 것이다.

비진화론적인 입장, 즉 정적인 관점──종의 분화──에서 보면 적대자가 자신과 동일종인 한 계속해서 살아가는 쪽이 도움이 되는 것이 통례이다. 그 상대가 살아 건강체를 보이면 현상 유지를 하는데 가담해 주는 것도 되는 것이다. 다른 장소에서 다른 동료와 함께 생활하고 유지해 주는 한 그렇다.

그러므로 공격이라는 것은 경쟁 상대에 대해 본능적인 것이지 노획물에 대해 행해지는 것은 아니다. 그렇게 생각해 보면 포식을 하는 것은 동일 종에서는 어려운 일이고 모순된 행동이기도 한 것이다.

동물의 세계에서는 다음과 같은 일을 자주 볼 수 있다. 즉, '서로 경쟁 레벨이 높으면 높을수록 공격적인 접촉이 일어날 가능성이 강해진다'(R·A 윌스 저「동물 행위의 생태와 진화」). 이렇게 말하고 있는 저자 윌스는 또 '따라서 공격은 주로 동일종에 속해 있는 동료에게서 일어나는 것이 예기되고 있다'

라는 것이 지론이다.

　육식동물의 기본적 성질을 규정할 때 다음과 같은 것을 강조할 수 있다. 즉, 자신과 같은 종류의 것과 만나면 공격하고 싶다는 충동이 마음속 깊은 곳에서 용솟음 친다. 그러나 동시에 같은 종류의 공격 전쟁에 있어서는 공격에 사용했을 때 가장 유효한 방법——저 포식 시대에 사용되는 것——을 피하지 않으면 안된다. 실제로 공격 본능은 그 본능의 소유자인 육식동물에 대해 매우 가는 선을 따라 진행되고 있는 것이다. 즉 매우 가늘고 규칙적이다.

## 인종에 있어서도 공격은 본능이 명하는 것이다

　동물의 공격은 그 원인으로——그리고 공격 방법에 있어서 진정으로 본능적이라는 것에 의심의 여지가 없다. 인간은 특히 식욕을 구하고 공복을 견디며 숨쉬고 있는 동물이다. 그러므로 그 공격적인 특성이 순수한 학습 행위에 기인되는 것은 아니라고 확신할 수 있다. 문화는 여러 가지 가능성 중에서 선택하여 정하는 것이다. 문화는 왜 인류가 공격하고 싶어 하느냐 하는 마음의 욕심을 설명해 주지 못한다. 문화에 의해 본능의 길이 주어지는 것 뿐이다. 누군가가 다음과 같이 표현했다. '로맨틱한 남녀가 작은 술집에서 성교하는 일은 없다고 해서 인간의 성에 대한 충동이 학습행위인 것은 아니다' 이것은 사회적인 제약을 받아 그런 이상적인 환경에서는 행해지지 않는 것 뿐이다!

그러나 자신과 같은 종에 속하는 것을 죽이려는 것에 대해서는 어떤가. 그것도 또 인종의 진화에 의한 유산의 일부일까.

그대로라고 생각한다. 사실 인간을 유니크한 동물로서 특징짓고 있는 여러 가지 행위 중에서 이것이야말로 가장 현저한 것 중 하나일 것이다. 아메리카의 권위있는 정신의학자 제롬 프랭크가 관찰했듯이 '⋯⋯ 인종과 다른 것, 거의 대부분의 동물과 현저하게 다른 점은 인류에게는 자신과 동종인 것을 죽이는 것에 대한 적절한 억제 작용이 없다는 점이다.'

## 인류만이 동족을 죽일 수 있는 이유

나는 다음과 같이 생각한다. 인류에게 억제 작용이 없는 것은 탁월한 사냥꾼이라는 것이 종의 유산으로써 계속해서 대가 물려지고 있기 때문이다. 포식과 공격이라는 본능적인 적응—이것은 통상 다른 것이다—은 두 개 모두 같은 방향으로 진화되고 있다. 그러므로 종이 진화되어 만들어져 가는 매우 이른 시기에 아마도 혼동되었던 것일 것이다. 초기 인류 중 돌연변이체가 다른 좀 더 보수적인 유인 동물군에서 빠져나가 진화되기 시작했을 때는 공격과 포식의 상세한 교과서적인 구별은 이미 존재하지 않았다는 것이 나의 주장이다.

이런 생각이 타당하다면 공동 식이 행위는 원시인의 역사에 있어서 몇 번이고 반복되어져 왔다는 것이 예감된다. 그리고 이것을 지지하는 증거는 많이 있다. 일찍이 아메리카 인류학회 회장 그랄프 린튼은 그런 공통 이식의 행위를 '매우 인간적이

다'라고까지 말하고 있다. 행위 자체가 화석이 되어 남아 있는 것은 아니다. 그러나 포식을 하는 사람이 행한 살륙의 흔적은 종종 선명하게 남아 있다. 인종에 대해서는 특히 그렇다. '(인간의) 두개골을 보면 창에 찔렸다거나 또는 곤봉으로 강타되었다는 것을 알 수 있다. 긴 뼈는 종종 빨여져 있다. 인간을 제외하고 다른 동물에서는 뼈를 빨을 수는 없을 것이다. 뼈를 빠는 이유는 맛있는 골수를 손에 넣기 위해서라고 생각하는 것이 가장 타당할 것이다'(M·페이츠 저「숲과 바다」).

인간의 영토 싸움을 위한 공격과 인육 기호(人肉嗜好)를 연결짓는 사건은 근대에 있어서는 물론이고 잘 알려져 있다. 현대에 이르기까지 이런 일이 계속해서 일어나고 있다. 아주 최근의 일로 동남 아시아의 전쟁에서 행해진 행위를 볼 수 있다. 현대의 예에서는 특히 음참(陰慘)한 성질을 띠고 있다 (예를 들면 아시아의 경우에는 쓰러진 적의 간장을 꺼내 먹었다는 것이다.). 이런 것은 근대적인 무기를 전쟁 목적을 위해 사용할 정도로 문명화되어 있는 사람들 사이에서 일어났던 것이다.

### 초기에는 사냥을 통해 발달했다

동족을 죽이는 것은 별도로 해도 사냥 방법이 인류의 초기 발달에 대해 막대한 압력을 가했던 것임에 틀림없다. 사냥의 달인(達人)으로 이행해 가는 가운데 일찍이는 초식 동물이나 식충 동물 종류이었던 자손에게 전혀 새로운 필요성이 과해진 것이다. 포식 동물로서의 인류는 더더욱 무기나 도구에 의존하지 않을 수 없게 되었다. 당연히 그런 사태에 가장 적당한 자가 진화에 의해 전혀 새로운, 그때까지와는 다른 가치를 갖게 되었던 것이다.

적절한 도구를 발견하기 위해서 초기 인류가 자신 스스로 구하고 있는 것은 어떤 종류의 것인가──어떤 형을 하고, 크기나 무게는 어떤가 하는 것 등──계획을 세워야 했다. 그는 마음속으로 충분히 생각해야 한다. 도구를 도움으로 삼아야 할 일련의 일을 가능한 한 구체적으로 그려 본다. 연습도 쌓아야 한다. 이런 일이 잘 되어 있으면 있을수록 그가 사용하는 도구가 충분히 그 목적에 맞게 되는 것이다. 무기를 구하고 그 끝을 뾰족하게 할 필요성이 있었다. 이런 사냥의 모습이야말로 그야말로 초기 인류가 자신과 시공에 관해 멀리 떨어져 있는 사물에 대해 생각할 수 없는 장을 제공했던 것이다. 이와같이 사냥의 필요성 때문에 추상화되고 상징적으로 다루는 것 ― 의 징조가 나타났다. 인류가 새로이 지적 설비를 모으고 익혀가게 되었던 것이다.

이 이외에도 또 다음과 같은 일을 생각할 수 있다. 이 비교적 작고 행동이 느린 생물은 포식할 때 한 개인으로서는 매우 힘들다. 여러 명이 함께 하는 편이 찬스를 잡기 쉬웠을 것임에 틀림없다. 여러 명이 사슴에게 달려드는 편이 각자 따로따로 작은 동물을 죽이는 것보다 효율적인 좋은 것이다. 이렇게 해서 의기 투합하여 협력을 하자 그 가치가 점차 나타나기 시작했다. 여기에 언어와 문자가 그 희미한 빛을 드러내기 시작하여 인류의 사고 능력 개발이 시작될 수 있었다. 사냥물을 빨리 잡을 수 있게 되자 사냥꾼은 화이트를 더욱 불태웠고 더더욱 사냥을 위해 장비를 갖추었던 것이다.

## 인류의 기능은 충분치 않았으나 사냥의 왕자가 되었다

늑대는 빨리 달릴 수 있다. 후각은 인간의 그것보다 몇억 배나 날카롭다. 게다가 늑대는 고도의 사회를 형성하고 있는 동물이다. 그 강력한 턱에는 고기를 씹고 찢고 뼈를 부수는데 필요한 이가 쭉 나 있다. 늑대의 정신 구조는 이런 감각 기관이나 무기의 장비 ― 매우 특수한 목적을 위해 발전해 온 것이다 ― 를 다루는데 충분하다. 가장 가까운 경쟁 상대인 인간에 의해 거의 전멸되는 위기에 처하기 전까지는 대단히 성공적인 종이었다. 그 특별한 적응에 의해 성공하고 있는 것이다. 늑대는 그야말로 문자 그대로 사냥을 위해 디자인되어 있다. 너무나도 특별한, 좁은 목적용 장신구를 몸에 지니고 있기 때문에 두뇌가 좋아지자 거의 아무런 도움도 되지 않게 된 것이다. 현대의 두뇌로 충분한 것이다.

이런 것은 초기 인류에게는 사용되지 않는다. 코는 짧고 이는 날카롭고 후각이라고 하면 거의 흔적에 머무르고 있는 정도에 지나지 않는 것이다. 토끼나 사슴을 쫓기에는 발이 너무 느리다 ──이 세상의 사냥 챔피온이 될 턱이 없는 후보자였다. 그러나 화석의 기록에 분명하게 나타나듯이 인류는 멋지게 챔피온이 되었던 것이다. 늑대와 달리 인류는 다른 동물과 다르게 뭔가를 잡을 수 있는 앞발──특정 목적을 위해서만이 아니고 좀더 일반적인 용도에 도움이 되는 것── 및 그 사용법을 가르쳐 주는 지능으로 문제에 대처했다.

## 왜 인류의 두뇌는 이 정도까지 발달한 것일까

그러나 오늘날 인간이 경쟁 상대나 획물에 비해 추론되는 능력이 현저하게 우수한 것은 왜일까? 그 정신적인 발달이 훨씬 낮은 수준으로 포식하는 동물들에게서 일어나지 않았던 것은 왜일까. 말을 공격하고 늑대와 싸우는데 교향곡을 작곡하거나 원자력, 잠수함을 건조(建造)할 정도의 두뇌가 정말 필요한 것일까?

　이 문제나 동류의 문제에 대해 종종 제기되어 온 대답은 이렇다. 우리들의 두뇌는 매우 비능률적인 무기이다. 보통 일상생활에서 사용하고 있는 것은 그 능력의 극히 일부이다. 그러므로 인류는 경쟁 상대나 획물보다도 충분히 여유가 있을 정도의 두뇌를 발달시켰다는 뜻이 되는 것이다.

　이 의론은 아주 괜찮은 것 같다. 특별한 문제가 없는 듯이 보인다. 그러나 내 생각으로는 충분치 않은 것 같다. 만일 인류가 늑대 등과 싸우기 위해서만 그 무엇을 필요로 했다면 왜 특별한 방법을 한 가지 선택하지 않았을까? 그렇게 해서 자신을 전문가로 만들지 않았을까? 포식 동물로서의 인류는, 예를 들면 사냥감을 쫓는데 더 많은 능력을 발휘시켜 갈 수 있었을 것이다. 최강의 육상 경기자조차도 늑대가 장시간 유지하는 속도의 반 정도이다. 게다가 그 속도는 겨우 몇초 간 계속될 뿐이다. 타조가 매우 빨리 달리는 것으로도 알 수 있듯이 두 다리 때문이라는 것은 이유가 되지 않는다. 현대 사냥꾼이라면 누구나 말하듯이 사냥감에게 살짝 다가가는 데는 대학 교육보다도 후각 쪽이 약간 개량되는 편이 훨씬 유리할 것이다. 그럼 다시 묻겠다. 초기 인류는 이미 다른 동물에 비해 우수한 두뇌를 갖고 있었다. 이 두뇌를 왜 조금만 높은 'IQ(지능지수)'로 높여 두지 않았던 것일까. 아주 조금만 좋은 정도로도 충분했던 것이다. 그 편이 수미일관(首尾一貫)되는 것이다.

　이런 의문에는 인류 자체가 사냥에 적응하는데 어떤 특별한 국면을 통해 행해온 행위가 단서가 된다고 생각한다. 인류의

왜 이런 발달과 두뇌가 필요한 것일까?

지적 발달 정도는 사냥 의무가 필요로 하는 것 이상이다. 하나의 종이 최종적으로 획득하는 적응성의 종류와 정도는 자연도태의 작용에 의한 압력의 종류와 정도를 강력하게 반영하고 있다. 그러므로 가장 그럴 듯한 대답은 다음과 같은 것이 되는 것이다.

초기 인류가 무리를 이루고 부족으로──아니면 그 어떤 단체로──사냥을 시작함에 따라 대부분의 포식 동물에게 공통되는 경계를 긋는 행위의 경향을 분명하게 나타내게 되었다. 아마도 25명 정도가 모여 1000평 내지 4000평방 킬로미터에 걸친 지역을 돌아다녔을 것이다. 그러는 중에 초기 인류는 마찬가지로 야외에서 사냥을 하고 있는 다른 포식 동물 집단──그 중에는 필연적으로 자신과 같은 동종의 것도 있었을 것이다──과 만날 기회도 있었다. 포식을 하는 방식에 새로이 적응하게 된 생물로서 아직 인류는 자신과 동종인 것을 죽이는 것을 삼가하는 억제 기능을 발달시키지 못하고 있었다. 투쟁 본능과 살륙 본능, 즉 공격과 포식이란 이 초기 인류에게는 모두 있는 것이었고 충분하게 구별되고 있지 않은 형 그대로였다. 이런 사항으로 복합적으로 생각해 보면 이하와 같은 것이 분명해지지 않을까? 두 개의 집단이 가끔 만난 때의 상황은 사냥을 하고 있을 때만이 아니었을까? 아니면 사냥 경계를 다투고 있었던 것이 아닐까?

가끔 만난 초기 인종의 두 집단은 낯이 익지 않은 동료를 학살하면서 그다지 양심의 가책을 느끼지 않았을 것임에 틀림없다. 화석의 기록에 분명히 나타나 있는 것은 이 유사 이전의 우리들의 선조가 '다른 동물 세계의 장소에서는 결코 볼 수 없을 정도의 규모로 서로를 죽이는 일에 전념했다(CM・베이츠 저 「숲과 바다」라는 것이다.

## 포식할 수 있는 종(種)만이 살아 남았다

이 대담한 학살 수단을 스스로 강구한 자에게는 진화상 그 예가 없는 특별상이 주어졌던 것이다. 적대하는 동족 부족을 이와같이 처치하는(학살하는) 정서적(情緒的) 경향을 지니고, 그에 충분한 정도의 예리함을 지니고 있는 이들——그들이 바로 장래에 있어서 자신의 부족이 그 성질에 비례하여 커지는 것을 보증했던 것이다. 종 전체의 분포라는 것은 곧 손해를 보는 것이 되었다. 그러나 성공한 부족은 상대적인 번영을 새로이 구축했을 것이고, 아마도 그러는 가운데 작은 평화를 향유할 수 있었을 것이다. 성공의 정도가 클수록——대량 학살에 성공하는 정도가 클수록——많은 평화를 향유할 수 있었다.

잘 이겨낸 집단은 더더욱 커져 갔다. 그러면 곧 부풀어 올라 꼼짝달싹 할 수 없는 집단이 된다. 그 결과 그것이 작은 집단으로 분열되고 마침내는 그 집단끼리 서로 싸우게 된다. 인접 지역은 모두 동일군체에게 점령당하기 시작한다. 그러면 다른 동료가 살 권리를 인정하는 감정이 일어나기 시작한다. 그러나 그렇게 많이 인정한 것은 아니다. 공존이 가능하도록, 또 때때로 이족결혼을 인정하는 정도였을 것이다.

경계 영역에서 충돌이 일어난다. 그 때 외적 한 사람을 죽인 승리자가 먹어 버리지 않는 이유는 짐작할 수도 없는 것이었다. 결국 고기를 먹고 싶다라는 욕망, 갈망이 최초의 의론에 대한 답인 것이다. 베이츠는 잘 표현하고 있다. '함께 먹는 행위에서는 분명히 다른 종족은 인간이라고는 보지 않는다. 그러므로 만일 죽었으면 먹는 것이 당연한 것이다. 양질의 고기를 그대로 두는 것은 있을 수 없는 일인 것이다.'

**왜 두뇌는 필요 이상으로 우수해졌을까**

이 인류의 기원이라는 문제를 생각하다 보면 여러 가지 까다로운 사태에 직면하게 된다. 그 중 가장 심한 것은 다음과 같은

것이다. 갑자기—— 진화의 표준 과정에 비해 그야말로 '폭발적으로'——인류의 두뇌의 크기가 증가되는 비율이 커졌다는 것을 어떻게 생각해야 좋을까? 처음 오스트랄로피테쿠스군의 두뇌 체적은 대체로 원숭이에 비해 435입방센티미터였다. 그래도 당시 다른 육상 포식 동물 전체에 비하면 상당히 두뇌가 큰 것이었다. 그러나 그것은 현대인이 소유하는 두뇌의 거의 3분의 1에 지나지 않는 것이다. 직립원인(直立原人)이 최초에 나타날 시기에서는 두뇌의 체적이 775 입방센티미터에 달하고 있고, 급속히 계속해서 커졌다. 이런 최초 인류 중 마지막으로 나타난 가장 진화된 형의 것은 그 체적이 1200 입방센티미터 이상이나 되었다. 상당한 것이 되었던 것이다.

다른 과학자와 마찬가지로 리키도 다음과 같이 제창하고 있다. 인류는 도구를 만드는 사람으로 이행되고 자신의 환경을 부분적으로 만들 수가 있게 되었다. 이 이행 과정에서, 말하자면 자기 자신을 잘 '길들이게' 되었던 것이다. 이것이야말로 전의 의문의 설명처럼 여겨진다. 이 책의 의론에 따른 생각이기도 하다.

인류가 야생 동식물을 사육, 재배하면서 동식물 진화 과정은 그에 의해 가속화되게 된다. 이것은 충분히 증명되고 관측된 일반성을 지닌 사실이다. 그 가속은 때때로 눈이 휘둥그래질 정도의 것으로 보통보다도 몇천 배나 빠르게 진행되는 경우조차 있다.

이 가속의 이유는 그다지 신비한 것은 아니다. 이것은 농장에서 생활했던 적이 있는 사람은 누구나 관측할 수 있다. 농장에서는 농부의 선택규준이 맞지 않는 동물은 모두 비교적 몇년 되지 않아 죽는 것이 통례이다. 닭, 염소, 돼지 등이 생산동물로써 또는 종을 붙이는 것으로써 부적격하다 판단되면 저 '분차생식의 원리'를 적용시키게 되는 것이다. 동물 쪽에서 보면 '맥이 통하지 않는 생식의 원리'라고 하는 편이 적절할 것이다. 그 동물은 일찌감치 저녁 식사의 식탁에 올라가는 운명이 된다. 진화의 목적인 분차생식에 있어서는 사체에 그 어떤 일이 일어나도 관계없는 것이다. 인류가 자신을 사육하는데 익숙해졌다라고 생각할 수 있는 일이다. 게다가 그것은 허식을 배제하고 본질을 잘 보면 그야말로 이 분차생식을 따르고 있는 것이다. 인류는 가축의 선택과 거의 비슷한 방식으로 인류 군체의 선별을 무의식적으로 행하고 있는 것이다. 다만 전자를 보다 의식적으로 하고 있을 뿐인 것이다.

두뇌가 급속히 팽창한 것에 관해서는 우선 그 비율이 매우 크다는 것이 문제가 된 것인데, 그 외 다른 국면이 존재한다. 즉 오랜 세월에 걸쳐 그 비율이 대체로 일정했다는 놀라운 증거가 갖추어져 있다. 쿠루텐에 의하면 초기 시대의 증가율은 10만년에 약 4.6퍼센트였다. 이것은 대략 100만년에 걸쳐 거의 일정했다는 말이 된다. 오스트랄로 피테쿠스군의 후계자인 직립원인이 발전하고 최성기에 이르기까지 이것은 계속되었던 것 같다. 그 시기에는 자연 도태의 압력도 작용하고 있었다. 100만년에 걸쳐 일정했다는 것은 이 압력도 마찬가지로 같은 비율로 증가하지는 않았다는 것을 의미한다.

이에 의해 '구두끈 효과'라고도 할 수 있는 일이 강하게 시사

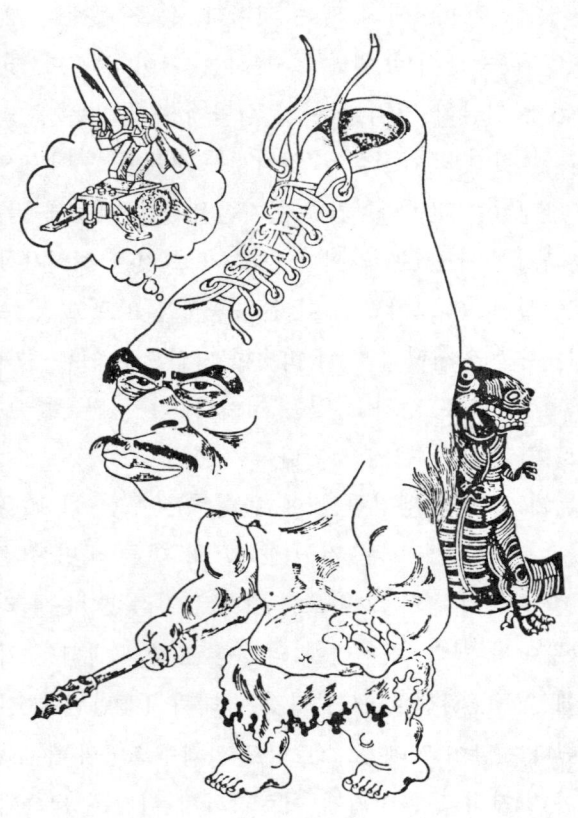

신발끈 효과… (구두끈 효과…)

된다. 즉 두뇌가 조금 커지자 중압을 가하는 것이 무엇이든 커지는 것 자체가 전부를 같은 비율로 잡아 당기고 있었던 것이다. 마치 구두끈을 잡아 당기면 전부가 잡아 당겨지는 것과 같다. 두뇌는 이렇게 해서 더욱 확대되는 것이다. 그리고 다시 확대된 것이 원인이 되어⋯⋯ 등등. 이렇게 해서 약 100만년이 지난 것이다. 좀더 간단하게 표현하자면 인류의 두뇌 자체가 그 중압을 가한 것이 된다. 하나의 두뇌가 다른 두뇌로 계속해서 압력을 가해, 말하자면 자신의 운동화끈을 잡아당겨 자신을 들어올린 것이다. 이런 타입의 정피이드백의 효과에 의해 수학적으로 말하자면 지수함수적인 성장곡선으로써 알려지고 있는 것에 도달하는 것이다. 실제로 지수함수적인 성장은 매우 빠른 과정이다. 그에 의해 속도의 비율이 일정하다는 것도 귀결된다.

## 분차생식을 움직이는 것이 서로 잡아 먹기일 것이다

더욱 강력한 환경이 있어서 거의 수십만년 전에 직립원인으로부터 그 후계자——즉, 인간의 초기 형태——로 이행할 수 있었던 것이다. 그렇게 되는 그 어떤 일이 일어났었을 것임에 틀림없다. 이 이행이 행해졌을 때는 그 속도의 비율은 실로 10만년당 7.5퍼센트(또는 그 이상)가 되었다. 그 때문에 각자의 뇌의 증가량은 평균적으로 1세대 당 약 15밀리그램에나 달했다. 그 증가량은 길가 한의원의 약제사가 용이하게 결정할 수 있는 양이다. 이 현저한 비율로 인간이 말하는 능력을 계속해서 갖기 시작한 비율일 것이다. 동시에 언어를 계속해서 가지고 있던 인간이 더욱 유효하게 이전의 잔인한 재능(서로 잡아 먹기)를 발휘한 표시이기도 할 것이다.

자바원인이나 아주 비슷한 좀더 진보된 네안데르탈인——네안데르탈인은 주로 유럽에 분포되어 있었다——은 자신과 동종인 인류를 자못 간단하게 죽였다. 인육은 식사의 메뉴로써 중요했다. 자바원인은 직립원인의 후계형이었으나 네안데르탈인은 그 성격으로 호모 사피엔스(인간)이기에 충분했다.

네안데르탈인이 지상을 걷고 있었던 것은 약 10만년 전부터이다. 그리고 갑자기 약 4만년 전에 전멸했다. 그들이 크로마뇽인에 의해 전멸되었을 것이라는 것은 분명하다. 네안데르탈인보다도 크로마뇽인 쪽이 무슨 일이든 잘했었을 것임에 틀림없다. 이 말은 결국 크로마뇽인이 살아 남았기 때문이다. 그리고 그 유전상의 유전을 모든 현대인——당신이나 나——이 물려받은 것이다.

### 살육——이 인간적인 일

나는 다시 전문가에게 머리를 숙인다. 이번에는 좀더 근대 인간의 모습에 대해 말해보고 싶기 때문이다. 그래서 정신의학자에게 물어 보기로 했다. '인간은 언제나 서로 괴롭히고 죽이고 싶다는 충동에 사로잡히고 있습니다. 그리고 자못 간단하게 죽여왔던 것이다. 기계적으로 또는 맹렬하게 가엾어 하면서 때로는 번민에 쌓이기도 하고……. 또 어떤 때는 금전 때문에 어떤 때는 모욕으로 복수를 위해 몸을 지키기 위해 국가를 지키기 위해 또는 자신의 의사를 타인에게 강요하기 위해 신의 영광을 위해 또는 단순히 스릴을 맛보기 위해 살해해 왔다.'(J·D 프랭크「정기와 생존」에서)

 인간 살인의 동기라고 하면 그런 것이다. 그것만으로 충분히 살해했던 것이다.

 한 장을 끝내면서 너무나도 마음이 무거워진다. 그리고 오스트레일리아의 시인 케이스 워커의 말을 인용하며 장을 끝내기로 하겠다. 그는 우리들에게 우리들이 안고 있는 문제를 잘 서술해 주고 있다. 다만 좀더 명쾌한 말로 여러 가지로 생각하고 그것을 은밀하게 기분좋게 표현하고 있는 것이다.

 깊은 의자 전기난방장치
 이것은 오늘의 것.
 그러나 숲의 몇천만년 전의 야영불
 이것은 내 핏속에 있는 것.
 과거는 지나갔다고 그 누구도 말할 수 없다.
 현재는 한 순간에 지나지 않는다. 극히 일부분에……. 
 우리를 만든 인류의 오랜 세월 속에 있어서는.

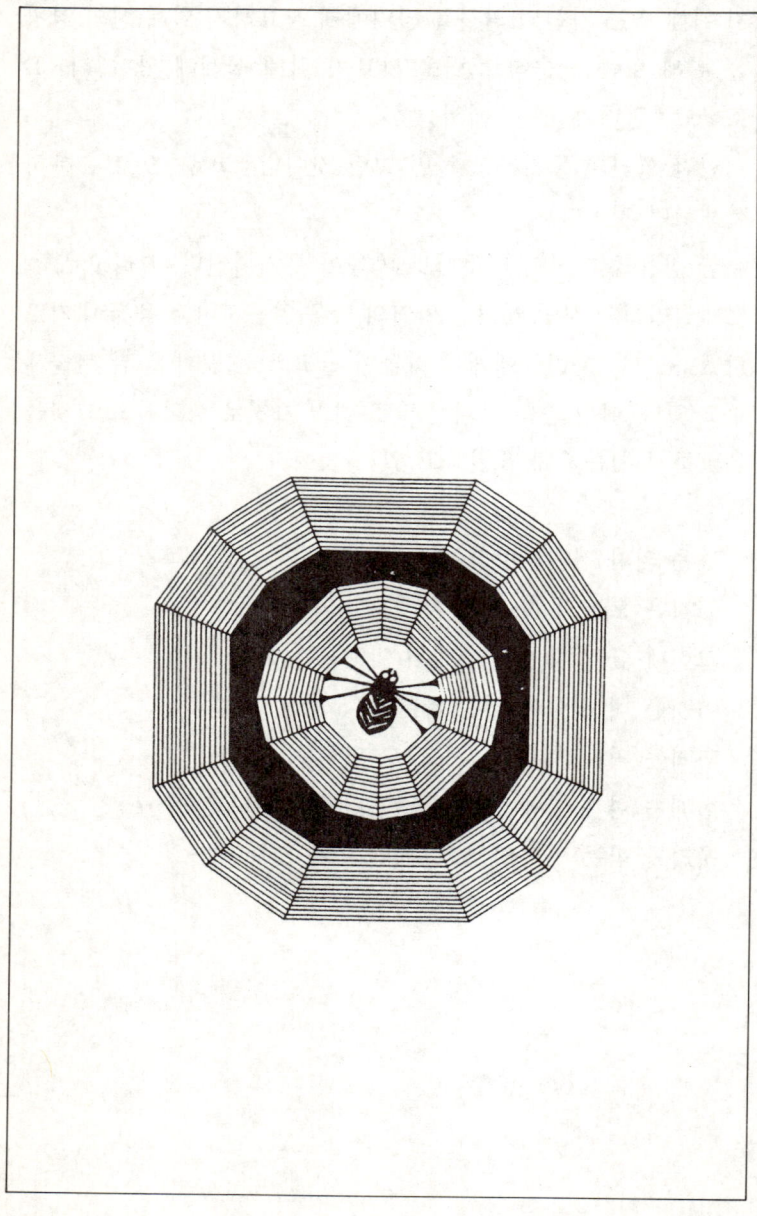

## 제3장

# 개구리와
# 하늘을 날으는 원반……

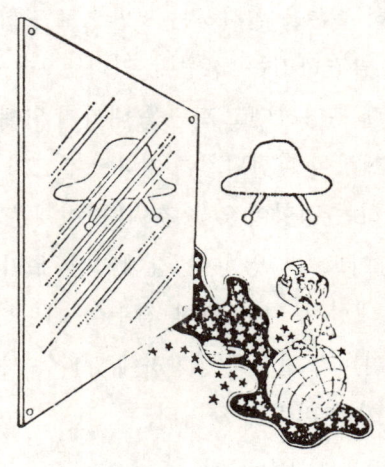

단순히 추론을 실시하는 것만으로 경험없이 효과를 발견하려는 경향이 있다. 그리고 그 일에 관해 분명하다고 판단을 내리기 위해서는 특별히 현상이 실현되기를 기다릴 필요가 없다고 생각하는 경향이 있는 것이다. 이것은 습관의 영향이고 그 영향이 강해지면 우리들의 자연에 대한 무지를 대략 감추어 버린다. 그뿐만이 아니라 관습의 영향하에 있다는 사실조차 망각시켜 버리는 것이다.

―데이비드 흄(1711년~1776년)

## 생기론과 종말론

전통적인 진화론의 방법에서 제외된 사람들을 규정하기 위해 사용되는 팻말은 여러 가지가 있다. 그러나 우리들의 목적에는 다음 두 가지가 적합하다. 생기론자 및 종말론자이다.

단순한 각부분을 모으면 생명체가 생긴다――그 결과로써 생명현상이 일어나고 있다라고 생각하는 것이 통례이다.

이에 대해 생기론자는 그 이상의 의미를 하려 한다. 생기론자의 견해로는 화학과 물리학의 법칙은 어떻게 모아지고 정식화해도 그것만으로는 충분치 않은 것이다. 이 화학, 물리의 법칙이 불충분하기 때문에 지상에서의 진화에 의해 일어난 복잡한 길을 도시할 수 없었다는 것이 그들의 주장이다. 생명체에는 우연이 작용하고 뭔가 의도적인 방침에 따라 진화의 길을 정하려는 성질이 내재하고 있는 것임에 틀림없다고 주장하는 것이다.

종말론자는 그와는 다른 견해를 갖고 있다. 그들은 진화의 과정 그 자체에 의도적인 목적이 있다고 한다. 본질적으로 진화는 어디에 도달하는지 알고 있다는 것이다. 그 의도는 신의 개념에 연결짓지 않아도 좋지만 신의 의사라는 것도 어떤 경우에는 들어 맞기도 하는 것이다.

## 두 개의 비전통적인 설은 뭔가 진실을 말해주고 있다

생기론도 종말론도 오래 전부터 있던 생각이다. 실제로 양자의 본질은 기원전 4세기 아리스토텔레스로까지 거슬러 올라갈 수 있다. '행위를 하고 있는 자가 사안하고 있는 모습을 관찰할 수 없다고 해서 의도가 존재하지 않는다고 가정하는 것은 어리석은 일이다.'라고 그는 말했다. 그러나 그와 같이 아주 오래 전까지 선명하게 거슬러 올라가도 고대생물학자도 현대생물학자도 이 목적론적인 가설의 극히 일부라도 지지하려는 경향은 없다. 오늘날은 생기론과 종말론 그 어떤 것을 지지할 만한 공식적인 과학적 증거가 전혀 존재하지 않는다.

그럼에도 불구하고 그런 종류의 생각은 아주 자주 나타나고 있다. 그러므로 그 생각을 시작한 사람들은 실제로 뭔가 중요한 것을 우리들에게 전하려 했다고 추측하지 않을 수 없다. 이 사람들이 표현하려고 하고 있는 것은 진화에 대한 어떤 종류의 심오한 감정이다. 그들 마음 속에 있는 그 어떤 막연한 것에 의해, 진화에 대해 단순히 우발성——즉 역사 이상의 것을 찾도록 가르치고 있는 것이다. 이 점에 관해서는 나는 그들에게 가담하고 있다. 좀더 그 비전통적인 문제에 대한 연구 태도는 더 현실적인 선을 따르는 것으로 하고 있지만

**마법의 거울 앞에 개구리를 갖아 놓는다. 그러면……**

이 책 앞에서 거울 바로 앞에 시계를 갖다 놓았었다. 그 조작을 다시 한 번 반복해 보자. 그러나 이번에는 시계 대신 개구리를 사용한다.

나의 목적을 위해 개구리를 선택했던 것은 개구리가 요구를 만족시키기 때문일 뿐이다. 그것은 여러가지 실용적인 면에서 시계와 비슷하다. 용이하게 다룰 수 있고 들을 수 있는 음성을

제3장 / 개구리와 하늘을 날으는 원반  83

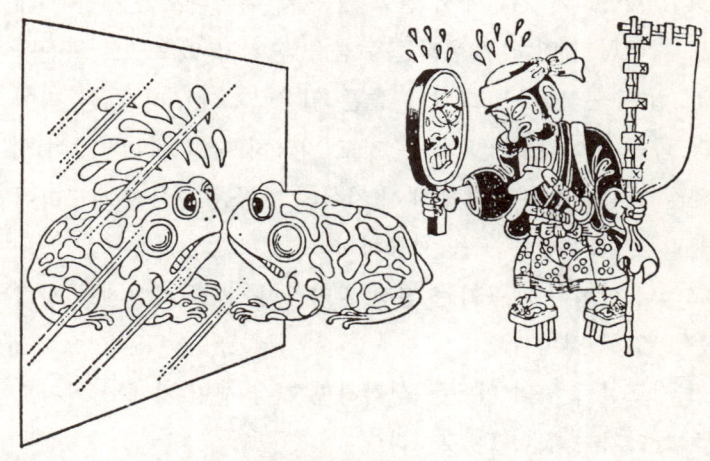

거울 앞의 카엘

낸다……등등. 그러나 이런 것 모두에 덧붙여서 시계에는 없는 것이 있다. 개구리는 살아 있고 지구상의 오랜 생물학적 진화에서 생긴 것이다.

잠시 동안 마법의 거울에 투영되는 것은 무엇이든 실제로 합성할 수 있도록 해두자.

그 장에서 몸을 숨기고—마치 X선 기술자가 자신의 위험한 일을 다루는 것과 거의 같은 방법으로—개구리를 거울 앞에 놓고 리듬에 맞춰 마법을 실시하도록 명령한다. 아니! 그랬더니 곧 두 마리의 개구리가 튀어 나왔다. 그것은 원 개구리의 정확한 경영(鏡映)이다. 모든 세부까지—좀더 세밀하게 분화된 원자에 이르기까지——최초의 개구리와 같다. 단 물론 좌우가 어떻게 바뀌는가가 다를 뿐이다.

그런 개구리가 거울에서 살아 있는 채 뛰어나오는 것을 기대해도 지극히 당연하다(우리들은 몸을 숨기고 있으므로 확신을 갖고 알 수는 없다). 그러나 슬픈 일은 그 개구리가 곧 병에 걸려 죽을 것이라고 생각하는 것도 지극히 당연하다는 것이다. 경영성 쌍생아의 개구리에 대해 지상의 멋있는 음식과 개구리에 어울리는 살기 좋은 곳을 제공하자.

그러나 합성된 개구리는 점점 말라간다. 한편 자연계인 상대 쪽은 번영할 것이다.

이 기묘한 결과의 이유를 생각하면 지상 생명 자체의 기원으로 되돌아가는 것이 될 것이다.

## 실험실에서는 좌우의 대칭성이 있고, 자연계에서는 대칭성이 잊혀진다

대부분의 유기물 분자에는 좌우의 대칭성 성질이 없다. 즉, 비대칭적인 것이다. 가령 분자 맨 가운데에 상하로 선을 그었다고 하자. 그에 의해 같은——그러나 '경영(鏡映) 관계에 있는'—— 좌우의 부분으로 나뉘는 일은 없는 것이다.

유기물 분자가 실험실에서 합성되었을 때는 '우수계(右手系)'와 '좌수계(左手系)' 양쪽이 언제나 등량(等量)이다(그림 참조). 이것은 합성할 때 작용하는 힘과 분자 결합의 힘이 모두 좌우 대칭성을 갖고 있다는 것을 의미한다. 이것은 전에 제1

제3장 / 개구리와 하늘을 날으는 원반　85

장에서 음미했던 사항으로 당연히 기대되는 것이다.

그러므로 좌우 그 어떤 계(系)에 배위된 분자도 모두 물리적인 조사에 대해 다시 제1장에서 유도했던 것과 마찬가지로 같은 행동을 한다고 생각할 수 있다.

그러나 이상적인 실험실 조건에서 떨어져 야외로 나가 생명체를 검사해 보면 기묘한 사항이 나타나는 것이다. 아미노산은 지상의 생명 모든 단백질의 구성 요소──더 말하자면 생명의 '건축용 기본 블록'──이다. 그 아미노산에서의 우수계 분자는 실제로는 거의 발견되지 않는다. 생명은 이점에 있어서 분명히 좌우의 균형이 맞지 않는 것이다. 좌수계의 분자 배위가 압도적

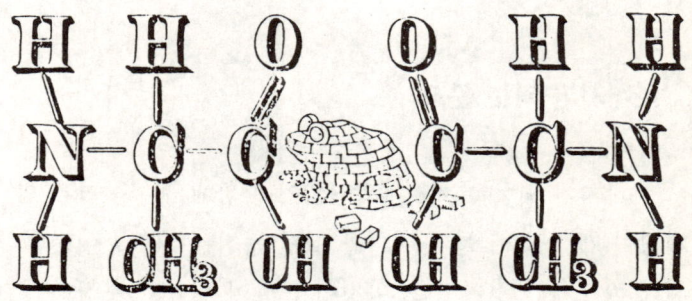

아라닌(아미노산의 일종)

다수를 차지하고 있다.

 아주 이전 전세기 말에 이미 이것은 생명체의 연속성에 기인하는 것이라고 생각되고 있었다(루이 퍼스톨이 그 최초이다). 즉 비대칭성이 계속되는 것은 하나의 생명체가 패턴화된 모사과정에 있어서 계속해서——연속적으로——생명체를 만들어 내는 것에 기인하는 것이다. 하나의 분자는 다른 분자의 틀로써 그 역할을 다하고 있다. 그러므로 배위 방법에 만일 비대칭성이 생겼다면 그 묘사의 프로세스에 의해 직접 계속적으로 전해져 무한히 계속되어 간다. 우리들이 설정한 가엾은 거울의 개구리는 아사(餓死)해야 했던 것이다.

 그 개구리는 특히 우수계의 세계에 적합한 효소(酵素)를 갖고 이 세상에 나타났다. 그러나 우수계의 영양분을 줄 수밖에 없었던 것이다.

### 아버지가 되는 분자

 '아버지가 되는 분자'——약 340억년 전에 생명이라는 일련의 현상이 개시될 때 틀의 역할을 했던 분자——가 그 어떤 우연에 의해 좌수계인 것이었다. 이것이 출발이 된다고 가정하는 것이다. 그러므로 좌수계가 많다는 것은 생명체의 개시라는 일이 시대를 거쳐 오늘까지 전해져 오고 있다는 것의 반영에 지나지 않는다. 생명은 이 지상에서의 원을 비축해 가면 단 하나의 우연한 일에 이르는 것이다. 생명 현상의 대칭성은 화폐를 던져 표리가 생기는 것과 같은 법칙——우연성——에 의해 지배되고 있다. 이 법칙의 머리는 실제로 좌수계의 사건을 일으켰다. 꼬리는 우수계의 사건을 가져올지도 모르는 일이다.

물론 이런 것은 가설에 지나지 않는다. 그러나 분명히 합리적인 것이고 당연 용인되고 있다. 나도 그 용인자 중 한 사람이다. 물론 다른 모든 가능성을 말살할 정도로 까다롭게 굴고 싶지는 않다. 그러나 여기에서는 이 과학 판단을 인정하고 이 일에 대해 그 이상 탐구하지 않기로 한다. 그러나 독자의 머리 한쪽 구석에 '너무나도 째째하게 해결한 사항'을 화일해 둘 장소가 있을까. 이 문제야말로 그곳에 화일해 두어야 하는 것이다. 이 대칭성의 문제는 과학의 역사에 있어서 이름 높은 것으로 되어 있지만 의문의 여지가 있다.

## 생명의 기원은 원자·분자 레벨에서의 우발 사상이다

꼭 지적해 두고 싶은 일이 있다. 즉, 생명은 우연히 생긴 일로써 시작된 것이고, 게다가 원자·분자 레벨에서의 우발 사상이라는 것이다. 부모가 되는 분자는 정의상 그 이전의 다른 생명체의 자손은 아니다. 부모가 되는 분자는 자연법칙만의 산물이다. 최초의 생물로서 그것은 원자, 분자 레벨에서의 현상으로써 생기고, 게다가 그 현상은 필연적으로 '양자론적 현상'이었던 것이다.

우리들 부모가 되는 분자는 초기 태고의 바다에서 처음으로 형성되었다. 전 생명체의 근본이 되는 어떤 결정적인 형을 취한 것이다. 이 형태에 의해 계속해서 태어나는 생명의 선조가 되는

것이 가능했던 것이다. 즉, 묘사가 가능한 형태였다. 그러나 그와 마찬가지로 중요한 일은 돌연변이를 할 가능성을 감추고 있어야 한다는 것이다. 돌연변이의 가능성을 갖는 체계만이 환경의 중압에 적응할 수 있고 조화의 역사로 출선할 수 있는 것이다.

자기 자신을 복제하는 것이 가능한 체계는 모두 언제나 이런 저런 무작위로 큰 변화를 하면서 그 환경을 잘 처리할 수 있는 좋은 방법을 반드시 찾아내는 것이다.

**돌연변이가 예언 불능한 이유**

돌연변이는 원자 레벨에서 일어난다는 것을 알았다. 그 변이에는 원자·분자에 있어서 전자의 고도로 복잡한 상호작용이 관여되고 있다. 이 상호작용도 또한 양자적(量子的) 현상이다. 그 결과 우리들은 양자론적인 해결 방법에의 이해에 따라야 한다. 게다가(불확정성 원리라고 한다) 피하기 어려운, 산 제물이 존재하는 것을 보아왔다. 만일 돌연변이의 구조를 검토하고 싶다면 불확정성 원리와 같은 것이 의론의 본질로써 받아 들여질 것이다. 이렇게 생각해 보면 개개의 현상으로써는 돌연변이가 완전 예언 불능이고 무작위적으로 일어난다는 것은 그다지 놀라운 일이 아니다. 바꾸어 말하자면 완전히 통계적인 방법 이외에는 어떤 돌연변이가 임의의 개체로 나타나거나 어떤 특정 시각에 나타난다는 것은 예측할 수도 없다. 기본이 되고 있는 양자론적 사상과 마찬가지로 돌연변이도 시공(時空)에 관해 무작위적으로 산재한다고 해도 좋은 것이다.

돌연변이의 무작위성은 불특정성에 의한 것만은 아니다. 다른 중요한 것이 있다. 유기분자(有機分子)에서는 원자가 길게 구슬처럼 연결되어 있다. 성분은 주로 탄소, 수소, 산소, 질소 원자이다. 각각의 분자는 결합 때 기본 단위가 된다. 분자 중에는 구성원자간은 전자 결합으로 연결되어 있다. 그런 전자 결합 방식은 결코 단일성을 갖고 있는 것은 아니다. 실제로 돌연변이라는 것은 이 전자 결합의 갯수를 역시 물리적으로 허용되는 다른 배위(配位)로 배치하는 조작에도 기인하고 있는 것이다.

생명은 그 자원에 있어서, 또 가장 기본적인 변화 방식에 있어서 양자론적 현상인 것이다. 그리고 이미 보아왔듯이 양자론은

'무작위'라는 것의 진실한 의미에 대해 종종 기묘한——놀라울 정도로 정밀한——것을 제시한다. 미크로 세계에서 한 개 한 개 무작위적으로 일어나고 있는 것은 마크로 세계에서 전체로써 본 경우에는 용이하게 예측 가능한 성격을 띄고 있는 것이다 (독자는 제1장에서 전자가 2개의 스릿트를 대강 통과해 갔던 것을 떠올리기 바란다. 기하학적 모습이 전개된 것을 보면 대강이 아닌 것임을 알 수 있을 것이다).

### 생명의 역사를 살펴보자

그럼 이번에는 견해를 바꾸어 의논을 계속하자.

미크로적인 원리를 끌어들이는 것이 아니고 역사라고 하는 관점을 보기로 하자. 분자의 레벨에서 시작하여 단세포 생물을 통과하고 또 도마뱀을 경유, 인간에 이르기까지 지금 대우주의 생명은 우리들에게 있어서는 계속해서 일어나는 역사적인 사건 이외에 그 어떤 것도 아니다. 그것은 다윈의 이론이 잘 말해주고 있다. 여기에서 원자의 세계—— 수수께끼로 차 있던 양자론의 세계——를 버리고 감각에 호소하는 힘과 조건으로 이루어져 있는 뉴우톤적 세계로 들어가 보자.

이 거시적인 세계에서는 생명체는 다소 그 행동을 제한하는 물리적 환경과 충돌할지 모른다. 물고기는 환경의 압력에 의해 지느러미를 발달시키고, 아직 미숙한 상태지만 사지와 같은 부속 기관을 만든다. 그리고 아장아장 기어 물이 마르면 다른 곳으로 이동할 수도 있다.

자연도태(自然淘汰)가 과하는 힘에 대응하여 적응성도 계속해서 일어나는 것이다. 심프슨은 실로 5억 종이나 되지만 부모가 되는 분자 형성 이후 이렇게 해서 출현되었다고 평가하고 있다.

  생명체 자체도 또 여러 종의 경쟁을 통해 상호 제한을 주고 있다. 압력은 모든 것에서부터 또 모든 시대를 통해 가해져 왔다. 항상 중압, 방해, 제약이 있었던 것이다. 생명의 한 형태가 한 쌍의 환경을 정복하자마자 전혀 새로운 쌍의 압력이 가해져 왔다.

### 문화의 출현에 의한 피이드백

  알에서 닭이 태어나고 닭이 알을 낳고……. 그것은 몇십억년에 걸쳐 계속해서 그것이 반복되고 있다. 그리고 마침내 그 어떤 전혀 들어본 적이 없는 것이 나타난다. 즉 문화(文化)이다. 그 이후 제약은 새로운 형태를 취하기 시작한다. 물론 이 새로운 적응 기구를 가져온 생물이 인간이다. 인간은 의식적으로 자기 자신에게 제약을 가한다. 또 다른 생물에게도 자기쪽의 제약을 가하는 것이다. 제약과 생명체 사이에 복잡한 피이드백이 시작된다. 현상은 끝없이 계속되고 있다. 마침내는 이 혹성의 생태계 전체가 서서히 심원한 변화의 징후를 나타내기 시작하는 것이다.

  이와같이 다윈의 진화설은 역사 그 자체인 것이다. 그것은 생명체의 역사이고 또 자연에 대한 제약으로의 적응의 역사이다. 그러나 이 오랜 역사 사이에도 보편적인 물리법칙이 잔혹할 정도로 지배해 왔다. 현재 문화를 담당하고 있는, 우리들이 알고 있는 물리법칙이든 아직 모르고 있는 물리법칙이든 모든 물리법칙이 계속해서 지배하는 것이다.

### 어딘가 복제법에 혼란이 있다면……

고전적인 견해로 생명을 보면 진화는 일련의 유일한 역사적 사상이라고 볼 수 있다. 인간을 복제하기 위해서는 세부에 이르기까지 모든 사상을 복제해야 한다. 왜냐하면 단 하나라도 틀리면—단, 하나의 세부라도 변해 버리면—전혀 다른 길을 따라 근육에서 달걀이 생기고…등을 반복해서 다른 곳으로 가버리는 것이다. 그러므로 만일 이 광대한 우주공간 어딘가 다른 곳에서 지능을 가진 생명이 존재한다면 그것은 인간과는 닮지 않은 것일 것임에 분명하다.

그러나 우리들은 뭔가를 놓치고 있는 것이 아닐까? 너무나 결론을 서둘러 그 어떤 중요한 것을 무시하고 있는 것은 아닌가? 무지를 인정하여 마음을 어지럽히는 일은 싫은 일 중 하나이다. 그 때문에 너무나도 째째하게 생각하고 있는 것은 아닐까?

### 유일사상(唯一事象)에 대해

과학은 일반적인 진리를 문제로 한다. 계속해서 반복적으로

나타나는 패턴을 '자연법칙'이라고 부르고 있다. 그러므로 과학이 종종 유일한 사항과 만났을 때에는 처음에는 어떤 미래 지향적인 발걸음을 취할 수가 없는 것이다. 과학의 최초의 대응은 언제나 다른 견해를 갖고 기성 개념에 연결지으려고 한다.

호모 사피엔스(지혜가 있는 인속)라는 굉장하기까지 한 이름을 지닌 자는 그 이름에 어울리게 매우 주의깊게 모든 문제를 생각한다. 그리고 도전해서 미끄러 떨어지는 일은 없다. 그 중에서도 과학자야 말로 가장 미끄러지는 일이 없는 사람들이다. 동기만 충분하면 과학자는 강한 호기심을 발동한다. 그는 이 유일한 우발 사상을 다루는 법을 찾아낸다. 그러나 그럴 때 자연

법칙을 조금 완화시켜야 한다.

   지구의 지질학을 보아도 그런 사정을 잘 알 수 있다. 대륙표류설(大陸漂流說)을 실험적으로 확인하는 것은 분명히 불가능하다. 대륙을 떼어내 모든 일을 처음부터 다시 반복할 수는 없다. 즉, 유일사상인 것이다. 그러나 그 이론은 제창된 것이다(최초로 알프레드 위그너에 의해 제창된 이 이론은 현재 널리 받아 들여지고 있다).

   이와 마찬가지로 이론을 최초로 제시하고 이후는 그것을 뒷받침하는──이런 일은 도처에서 행해지고 있다. 암석층의 상태, 단층의 모습을 관측하여 역사적 사실을 분명히 한다. 지구상의 제 지방, 동식물군에 따라서도 그 특유한 사실을 알 수 있다. 물리학의 법칙, 통계학·역학의 법칙이 생각의 근거가 된다. 공학자가 연구하는 물질의 성질──여러 가지 암석의 강도──도 중요하다. 이와같이 광범위한 수법에서 증거를 충분히 얻기 시작해서 최초의 가설──추측한 것──이 훌륭한 이론으로 지위를 얻는 것이다.

### 지질학자의 행복

   지질학자는 행복했다. 그들은 결코 광기어린 일에 실제로 직면하는 일이 없었다. 예를 들면 물리학자가 내놓은 상대론이나 양자역학과 같은 것과는 전혀 조우하지 않았던 것이다. 또는 대륙이 하늘에서 떨어졌다는 증거를 제시하며 도전하는 지질학자는 전혀 없었던 것이다!

지질학은 또 다른 면에서도 행운이었다. 인류는 다른 천체인 달로 갔다. 달은 적어도 몇십억년에 걸쳐 지구와는 별개의 천체를 형성하고 있었다. 그럼에도 불구하고 달의 암석중에는 지구상의 이론에 비추어 모순되어 보이는 것이 거의 없었다. 지질학자 앞에는 광대한 신천지가 열렸으나 예측할 수 없어서 곤란을 겪는 일은 없었다. 달세계 여행은 '장시간 기대하고 있던 일이 마침내 일어날 때는 예기하지 못한 형태를 취하는 경향이 있다'라는 그 어떤 소설속의 말의 예외라고나 할까?

### 진화론도 유일사상처럼 보이는데……

진화론도 같은 사태에 직면한다.
세상일 모두를 처음부터 반복하여 이번에 어떻게 되는지를 볼 수는 없다. 즉 유일사상의 예인 것이다. 이제까지 생긴 일이라고 하면 화석을 검사하고, 태아를 비교하고, 작은 파리에 방사선을 쏘이는 일에 열심이었다. 그러나 현재는 생명과학이 마침내 받아들여지려 하고 있다. 그 장래의 전망은 실로 흥미로운 정도이다. 지상의 생명은 '특별한 창조물'──즉 어디까지나 유일무이한, 한 번밖에 일어나지 않는 사상──이 아닐지도 모른다.
1976년에 '바이킹 우주선'이라고 불리우는, 아메리카의 두 개의 우주선이 화성의 생명을 탐색하기 위해 쏘아 올려졌다. 우주선은 이 목적을 위해 모든 종류의 장치를 실었다. 실험은 비교적 초보적인 것이어야 했다. 이 말은 원격 조작으로 화학적 분석을 하고, 원격 계측기로 결과를 냈어야 했기 때문이다. 화학적으로 말해 이 지구상에 가까운 그 어떤 생명 과정이 화성상에 존재해도 이상할 것은 없다.

과학적인 생명 검지 장치 중에는 TV, 카메라도 한 대 포함되어 있었다. 우리들 과학의 대표 우주선이, 예기할 수 없는 것이 혹시 보행하고 있는 것을 포착하는 것은 아닐까 하고 기대한 것이다. 물론 그 누구도 화성인이 돌아다닐 것이라는 극적인 것을 기대한 것은 아닐 것이라고 생각한다.

## 지능이 있는 생명은 지구 외에도 있을까

모든 사람의 마음에 있는 최종적인 의문은 지능있는 생명이 우주 어딘가에 존재하고 있을까라는 것이다. 수년 전에 천문학자들은 이 방침에 따라 대담한 시험을 기획했다. 그들이 기대했던 것은 하나의 고등한 문명 사회가 다른 고등한 사회에 접촉하려면 논리적으로 생각해서 전파를 사용해야 한다는 것이다. 1960년대의 짧은 기간이었지만 이 목적에 맞도록 웨스트 버지니아주 그린 벵크 국립 전파 천문대의 85피이트(약 26미터)의 안테나가 하늘로 향해졌다. 지구 외의 지능있는 생물로부터의 신호를 찾아내는 것이다. 이 시험은 오즈마 계획이라 불리우는 멋진 생각이었다. 그 결과는 부정적이었다. 그 탐색에 사용한 시간은 너무나도 짧았다.

그러나 나는 다시 의문이 생겼다. 우리들이 뭔가 놓치고 있는 것이 아닐까? 우리들은 아마도 모르는 사이에 철학적인 타성에 빠져 뭔가 중요한 것을 지나치고 있는 것은 아닐까?

## 네(汝) 속에 있는 인간

'성 아우구스티누스를 통해 그리스도교는 최초로 현상을 사고하는데 대해 혐오의 생각을 나타냈다. 이 위대한 교회의 아버지는 '문 밖으로 나가지 말라. 너 자신 속으로 들어가라. 속에 있는 인간에게 바로 진리가 있나니'라고 했던 것이다. 천 년에 걸쳐 서양 세계의 사상을 지탱해 온 사람들은 문 밖으로 나가지 않았던 것이다' (C. 싱거「'1900년 까지의 과학사상 소사」).

불행한 것은 자연계의 진리는 모두 안에 있는 인간에게는 존재하지 않는다는 것이다. 이것은 설유(說諭)되던 5세기에도 그랬다. 그리고 오늘도 그렇다. 상대론이나 양자역학에 의해 매우 최근에도 이런 사실을 알게 되었던 것이다. 그럼에도 불구하고 아우구스티누스와 마찬가지로 우리들도 문 밖으로 나가는 것을 꺼리고 있다. 안에 갇힌다는 것은 중세 암흑 시대의 특색이었다. 원래 현재 우리들이 안전한 실내라고 인정하고 있는 범위는 적어도 몇 가지 점에 있어서 아우구스티누스 시대보다도 널리 확장되고 있다.

## 하늘을 날으는 원반 등 미확인 비행 물체에 대해

나는 여기에서 불행하게도 나는 아직 '하늘을 날으는 원반'——미확인 비행물체——을 본 적이 없다는 것을 서술해 두어야 할 것이다. 나는 그 비행 물체를 진실로 찾아보았다. 소년 무렵부터 별에 매혹되어 있었고, 하늘의 신비에 대해 생각하면서

 상당한 세월을 보냈다. 다만 경이의 눈을 뜰 만한 일이 내 눈 앞에서 직접 일어나지는 않았다.
 그러나 책을 통해 페루스성, 준성, 초신성, 블랙 홀, 화이트 홀, 중성자성 등 놀랄만한 사실을 숙지하고 있다. 다른 서적에서는 미확인 비행 물체와 같은 놀랄만한 사실을 경험하고 있는 것이다. UFO(미확인 비행 물체)에 특별히 흥미가 있는 것은 아니다. UFO는 우리들에게 도움이 되는 현상의 하나를 나타내고 있는 것에 지나지 않는다. 즉 그것은 우리들이 살고 있는 세계에 대해 무슨 말을 해 주고 있느냐 하는 것이다.

## UFO의 존재를 가정한다

'그러나 UFO는 정말로 존재하는 것일까'라고 독자 여러분은 물을지도 모른다. 그 현상은 통상의 물체를 오인한 것에 지나지 않는 것일까? 그것이 아니면 그 이상의 것일까?

나는 내가 읽은 책으로 남들과 논의를 하면서 실제로 존재하고 있다는 확신을 갖게 되었다. 나는 또 전자(電子)도 본 적이 없다. 그러나 적어도 전자와 비슷한 그 뭔가가 존재하고 있다고 굳게 믿고 있다. 나는 전자(電子)의 존재를 충분히 믿고 있다고 해도 좋은 것이라고 생각한다. 그러나 이런 의미에서의 UFO의 실존성을 믿을 수는 없는 것이다. UFO가 존재하는 증거는 전자에 대한 증거만큼 확실하다고 인정할 수 없다. 그러나 UFO가 존재하는 확률은 매우 크다고 하는 것이 좋을 것이다. 그 존재의 가망성은 매우 큰 것이다. 나는 친구들이 목격한 일에 도박을 걸고 있다. 아마도 전자에 대해서와 마찬가지로 언젠가 그 의문은 선명하게 해결될 것이다. 게다가 UFO가 존재할 경우에 미칠 영향은 중대하다. 그러므로 앞으로 천 년을 기다려 장래 과학의 '마틴 루터'가 나타나 우리들의 어깨를 두드리며 안심하고 전진해도 좋다는 취지를 전할 때까지 팔짱을 끼고 있어야 한다고는 생각지 않는다. 우리들은 여기에서 UFO는 실재한다——그리고 그 관측자가 기술한 성질을 갖고 있다——라는 가설을 채용하기로 한다.

## UFO가 행성간 공간을 지나 도달한다는 것은 대단한 일

그리고 UFO에 대해 더 기묘하다고 생각되는 것은 그것이 존재한다는 사실이 아니다. 지능을 지닌 우주 생명체가 이 지구상에 존재한다──부과나 특권이 이 작은 혹성에만 주어져 있다──라고는 도저히 생각할 수 없는 것이다. 자연법칙을 어떤 각도에서 검토해 보아도 우리 속에 있는 인간이 그렇게 시사하는 것이다. 오늘 우리 지구인들은 미발달 방법이지만 이미 적어도 태양계의 탐구로 뛰어들고 있다. 그러나 행성공간──별과 별 사이의 공간──의 광대함은 거의 믿을 수 없을 정도의 것이다. 그러므로 믿기 어려운 것은 이 우주선──아마도 다른 태양계의 우주선── 이 지구에 도착할 수 있다는 것이다. 존재가 아니다. 광대한 공간을 빠져 나가는 것이다. 이점에 대해서는 뒤에서 다시 다루어 그 의미가 미치는 광범위한 영향을 음미해 보기로 하겠다.

마찬가지로 인정하기 어려운 사실은 다음과 같은 것이다. UFO에 관해 생물이 관측될 때마다──UFO의 주인(UFO 탑승원이라고도 할 수 있는)이 인정될 때마다──그 형은 거의 반드시 그렇다고 할 수 있을 정도로 인간의 모양을 하고 있는 것이다. 이것이 특필할 만한 일이다. 이 현저한 사실이야말로 이 장(章)에서 좀더 생각을 전개시켜 나갈때의 입력 정보가 된다.

실로 굉장한 수의 이런 예가 세계적으로 보고되고 있다. UFO의 주인이 인간 모양을 하고 있다는 사실──이후 그런 의미에서 휴머노이드라고 하자──을 어떻게 생각하는 것이 좋을까? 생물학상의 진화론의 해석으로는 있을 수 없다는 것이 시사된다. 그야말로 환상일까?

그러나 UFO를 목격하는 사람들——대부분은 신용이 있고 평판이 좋은 사람들인 것이다——은 그 단조롭고 상상력 빈약한 보고를 어디까지나 고집한다. 즉 휴머노이드다라고 고집을 부리는 것이다. 조금이라도 공상상의 동물이라면 보고서는 흥미를 자아내게 될 것이다. 아니 그쪽이 오히려 과학의 취미에 맞는다고까지 말할 수 있을 것이다. 그런데 왜 그들은 고집을 부리는 것일까? 그들 대부분이 자신이 본 것만을 보고한다. 여기에서 고전적인 관측 상황을 두 가지 들어보겠다.

## UFO와의 조우——①

뉴멕시코주 소코로 근처에서 경찰 부장 로니 자모라는 패트롤을 타고 순찰을 돌고 있었다. 그것은 1964년 4월 24일, 거의 오후 5시 45분이 다 되었을 때의 일이다. 그는 밝은 빛이 급격히 고도를 잃고 낙하되는 것을 관측했다. 또 크게 짓는 소리같은 것이 들렸다. 자모라는 빛이 낙하될 때 오래된 다이나마이트가 폭발하여 섬광이 번뜩이는 것이 아닌가라고 걱정했던 것이다. 본서(本署)에 무선으로 연락을 취하고 그것을 확인하기 위해 자동차를 타고 달렸다. 빛이 발생했다고 생각되는 얕은 계곡으로 가까이 갔을 때 그는 자동차가 뒤집힌 것 같은 것을 보았다. 그 물체 쪽에는 키가 작은 사람인 듯한 것——휴머노이드——이 서 있었다 (큰 아이나 작은 어른 정도의 크기). 그들은 색이 엷은 오버올을 입고 있었다. 그 인물 중 한 사람이 자모라가 나타났을 때 놀란 듯이 뒤쪽을 돌아보았다.

자모라는 이어서 자동차를 조금 전진시켜 좀 가까이 가서 멈추려고 했다. 그러고 있는 동안에 그 물체도, 사람 그림자도 없어졌던 것이다. 다시 계곡 끝으로 가까이 가자 마치 두 개의 금속이 부딪치는 듯한 '탕'하는 큰 소리가 두 번 들렸다. 그는 차를 세우고 내려 벼랑 쪽으로 두세 발 걸어갔다. 그의 눈앞에 있는 것은 차가 아니고 이 세계의 것이라고는 생각할 수 없는 약 4미터 반의 달걀 모양의 물체였다. 흰색이라고 해야 할지 금속색이라고 해야 할지 아무튼 그런 색의 금속 다리를 4개 갖고 있었다. 그 '소인'은 가버렸다. 그러자 갑자기 그 물체는 큰 소리와 함께 지상으로 올라갔다. 그 때 그는 서둘러 행동을 개시하여 차로 돌아갔던 것이다. 그리고 물체가 희고 푸른 색의 불꽃을 내면서 '귀를 찢는 듯한 소리'를 내고는 계곡에서 날아올랐다. 계곡을 탐색하자 흔적이 네 군데 있었다. 각 약 10센티미터의 깊이이다. 그리고 그것은 금속 다리가 있었던 곳이었다. 또 지면에는 탄 흔적이 있었다. 실제로 경관이 한 사람 현장에 도착했을 때는 이미 모든 현상은 끝난 뒤였다.

## UFO와의 조우―②

오늘날에 이르기까지 최대의 사람들이 침입자(인페이더)를 관측한 예는 뉴기니아 파푸아 근처에서였다. 1959년 6월 26일과 27일에 걸쳐서였다. 실로 20명 이상의 사람들이 이 기묘한 일을 목격하였다. 그 중에는 윌리암 부스 길 신부도 있었다. 그는 영국 국교회파 신부였다. 그는 선교 활동의 지휘를 맡고 있었

다. 길 신부의 설명에 의하면, '그 물체가 근접함에 따라 목격자들은 물체의 상부에서 그 어떤 그림자가 움직이고 있는 것을 보았다. 아마도 사람인 것 같았다. 곧 두 개의 인영이 나타났다. 그때 세 사람이 움직이며 빛을 보였고 데크에서 뭔가를 하고 있었다.' 그리고 인영은 사라졌다. 잠시 뒤 최초의 세 명이 네번째 사람과 함께 또 다시 나타났던 것이다. 파란 스폿트 라이트(조사등)가 한 개 물체에서 빛나고 있다. 그 네 명이 다시 사라진 후에도 스폿트 라이트는 계속되었다. 잠시 뒤 다시 한 번 두명이 나타나고 스폿트 라이트가 사라지자 곧 사라져 버렸다. 저녁 어둠이 찾아옴에 따라 수개의 UFO가 구름 사이를 내려갔다 올라갔다 하는 것이 보였으나 그 밤 이미 사람의 그림자는 볼 수 없었다. 이어서 길 신부의 말을 직접 인용해 보겠다.

그 다음 날 밤에는 흥미로운 일이 일어났다. 오후 6시에 병원의 한 간호사가 큰 UFO를 먼저 발견했다. 그것은 다음과 같이 일어났다. 우리들이 걷고 있자 그 물체는 우리들이 관측할 수 있는 가장 근접된 곳이라고 생각되는 곳에 내렸다. 거의 100미터에서 150미터 사이까지 내려왔다. 아직 어둡지는 않았기 때문에 매우 선명하게 볼 수가 있었다. 그것은 또 빛나고 있는 것이었으나 매우 가까운 거리였기 때문에 매우 분명하게 볼 수 있었다. 그리고 우리들이 데크라고 하는 정상 부분에도 또 그런 모습이 있었던 것이다. '경기장에 착륙하려는 것일까'라고 말한 것은 선생님이었다. '어째서?'라고 나는 말했다. 그리고 마치 '안녕'이라고 말하듯이 우리들은 손을 흔들었다. 놀랍게도 그들도 손을 흔들어 답했던 것이다. 그리고 언제나 우리들과 행동을 같이 하던 에릭이 다른 청년과 함께 두 손을 흔들었다. 그러자 그 사람 그림자는 두 손을 흔들어 대답했던 것이다.

### 마음의 문을 열고 밖을 보도록 하자

이와같은 생물을 아직 사진으로 찍은 적도, 그 지문을 채취한 적도, 플라스틱 캡슐에 표본으로 담은 사실도 없다. 또 나비처럼 핀으로 고정시켜 둔 것도 없다. 이런 일이 행해지기까지는 이 문제에 대해 이하의 의론은 관측의 영역을 벗어나지 못할지도 모른다. 그러나 그런 중대한 일은 모두 좀처럼 행해지고 있지 못하다. 이런 생물의 하나가 자신의 발로 공인 기관에 걸어가 X선의 조사나 설압기(혀를 누르는 기구)에 몸을 맡기지 않는 한 그다지 사정이 달라지지는 않을 것이라고 생각한다.

아카데믹한 학자·집단이 우리들과 함께 해 줄 것이라고 기대하는 한은 이것이 현실이다. 그러나 우리들은 문으로 나가 진정한 자연계라고 여겨지는 곳으로 가려 하고 있지 않은가?

## 천사도 또 휴머노이드일까

어딘가 다른 영토에서 본 인간형의 생물은 유태교의 역사를 배우는 사람에게는 잘 알려진 사항이다. 이것은 「성서」에 있다. 거기에는 물론이고 그들은 '천사'라고 불리우고 있다. 이 말은 그리이스어의 안제로스(angelos), 즉 문자그대로 풀이하면 '전도자'라는 재미있는 말의 어원이다. 「성서」의 학도에는 주지한 사실이지만 바이블 속의 천사는 날개를 갖고 있다거나 후광이 있지는 않다. 인간과 다른 부분도, 인간답지 않은 장식도 없는 것이다. 이것이 명백한 사실이라는 것은 예를 들면, 「신약성서」의 '히브리서' 속의 사도 바울의 말로도 알 수 있다. 바울은 서간으로 독자에게 권유하고 있다. '이방인에게 다정함을 잊어서는 안된다. 왜냐하면 그에 의해 모르는 사이에 천사들을 즐겁게 해 주는 사람도 있을테니까.」「성서」에는 천사는 매우 인간과 비슷한 모습을 하고 있는 것으로 그려져 있다. 그것은 그렇고 계속해서 말하자면, 지구가 아닌 다른 곳에서 온 인간형에 대한 생각은 결코 이 20년에 한정되어 있는 것은 아니고, 또 역사상 애매한 관측자에게 국한되어 있는 것은 아니다.

### UFO의 탑승원은 모두 휴머노이드이다

우리들은 UFO 관측 중 특히 이 하나의 국면——UFO의 주인은 관측해 보면 인간과 비슷한 모양을 하고 있다는 것——에 관심을 갖고 있다. 이 단 하나의 증거만으로도 진화의 개념을 재검토할 필요를 느끼게 하는 것이다. 이것은 매우 혼란을 초래

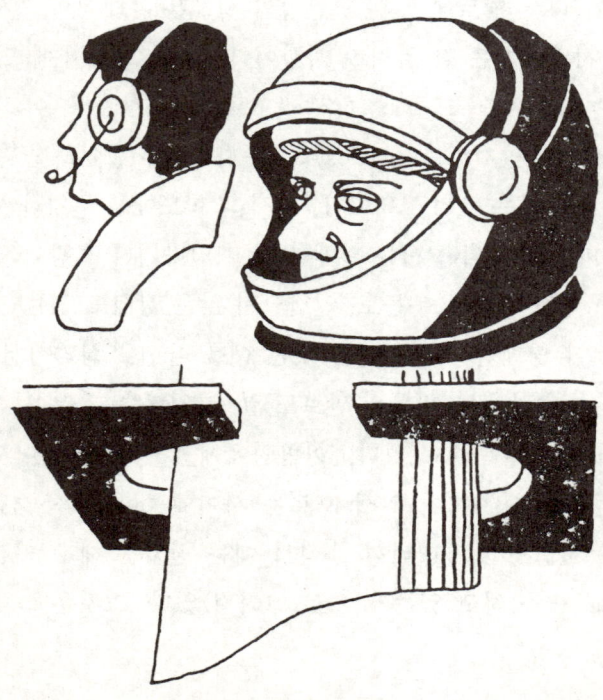

할 만한 결론이다. 여러 가지 점에 있어서 기호에 맞지 않는 것도 있다. 마치 오늘날의 무조 음악, 또는 과거의 타원 궤도와 같은 영향을 준다. 그야말로 그 때의 고전적인 생각과 맞지 않는 것이다. 이와같이 우주의 시대는 이미 생물 과학으로 예측할 수 없는 방법으로 일어나고 있는 것이다. 그러나 오랫동안 가슴에 묻어두고 있던 예의 감정을 다시 상기해 보자.

### 생명의 기원—필연적인 것일까, 우발 사상일까

이 지구상의 생명의 기원과 같이 한 번 딱 생긴 일에 대해 품게 되는 가장 곤란한 의문은, 그 사상이 일어나는 최초의 확률은 얼마나 될까. 매우 확률이 높았던 것일까. 우연히 일어나기를 기다리고 있었을 뿐일까. 좀더 다른 말로 표현하자면 생명이라는 것은 그 어떤 의미에서 자연계의 보편적인 체계 내에 내재하는 것일까. 즉 생명은 늦든 빠르든 출현하는 운명에 있었던 것일까. 또는 우리들이 경험하는 생명은 가끔 출현하는 것에 지나지 않으므로 이 지구에 국한된 한 번 뿐인 사항일까 등인 것이다.

과학에서는 보통의 방법으로 그런 종류의 의문을 다룰 수는 없다. 과학자는 단 한 번의 사상으로 인해 확률에 대한 통계를 낼 수는 없다. 그러므로 충분한 추측을 해야 하는 것이다. 견해에 따라서는 생명은 지상에 한정되어 있는 유일한 것으로 다른 방법으로는 전혀 일어날 수 없다고도 생각할 수 있는 것이다. 또는 다른 견해로는, 생명은 보편성을 가진 불가피한 것—조건이 적정하기만 하면 반드시 일어나는 일—이라고 생각할

확실히 얼굴이 비치는 것을 보여줄 것인가, 지구 외의 세계를 찾아 볼 것인가, 그 어느 쪽인가의 방법을 취하지 않으면 안된다.

수 있고 그에 기초를 두고 추론하는 것이 된다. 분명히 아우구스티누스는 '내재하는 인간'은 이점에 있어서 각인 각양이라 말하는 것이다. 생명의 내재성 문제, 그 실현되는 확률의 문제는 중요한 것이다. 그러나 요컨대 이 문제를 해결하기 위해서는 귀에 거슬림이 없는 좋은 쪽으로 표현하는 것 이외에 달리 방법은 없는 것이다. 이 지구상에서 그 어떤 것이 시험관에서 기어나와 분명하게 그 모습을 보여 주겠는가. 그러므로 지구 외의 세계, 다른 공간을 거슬러 올라가 보는 방법을 취해야 하는 것이다.

  불행한 일이지만 부정적인 결과만이 나오는 탐색은 그 어떤 경우에나 과학적인 입력 정보로써는 거의 도움이 되지 않는다. 관측 조건이 바르지 못했다는 의론이 항상 내려지는 것이다. 결정적인 성분을 시험관에 넣는 것을 잊고 혼합했다거나, 달과 마찬가지로 화성·수성·목성·금성 등은 찾는데 적절한 장소가 아니었다는 의론이다. 그래서 또 반복되어 되돌려지는 것이다.

## 지구 바깥에서 오는 휴머노이드를 인정하면……

  지구 바깥에서 오는 휴머노이드를 인정하는 것과 함께 '지적 분야에서의 지나친 살인'이라고도 할 수 있을 만한 일이 일어났다. 단순히 우리들의 가볍게 믿는 경향에 스트레스를 주는 정도에 그치지 않는다. 기대하고 있었던 것보다 훨씬 많은 입력 정보를 오늘날 과학 문제에 던져 주는 것이다. 피넛츠를 자르는

데 큰 망치를 쓸 필요는 없다. 한 번 휘둘러 보면 실제로 주워 먹을 것이 남지 않는다는 것을 알 수 있을 것이다. 원형이 없어져 버리는 것이다.

　게다가 또 내 친구 한 명이 와서 장난을 치듯이 그들의 출현은 '이론 보존칙'이나 '체면 보존의 법칙'도 깨는 것이다. 이 장난의 법칙은 누구도 입밖에 내어 말하지는 않지만 분명히 존재한다. '지구 바깥에서 오는 휴머노이드를 어떻게 하면 진화론으로 조합할 수 있을까?'라고 그 신사는 일찍이 내게 말했다. '그것은 마치 당신의 아저씨가 아일랜드식 도박에서 두 번 계속해서 이긴 것과 같이 쉬운 일이야.'

　요점은 내 친구의 지적대로이다. 누군가가 속고 있거나 그렇지 않으면 그 게임이 어떤 의미로 규정되어 있거나 그 양쪽 어느 경우인 것이다.

　(주) 우리들 인류는 지구 바깥에서 왔다는 생각이 종종 제기되고 있다. 이에 대한 반론은 여러 가지가 있으나 특히 강력한 반론이 되는 것은 우리들 몸에 갖추어져 있는 다음과 같은 물리적 특성이다. 태양에는——다른 별과 마찬가지로——그 특징으로 되어 있는 빛의 스펙트로가 있다. 여러 가지의 색——파장——의 빛이 강도를 바꾸어 발사된다. 이 스펙트로가 최대 강도로 되어 있는 파장이 있는 것이다. 한편 인간의 눈은 스펙트로를 균일하게 보는 식으로 되어 있지 않고 여러가지 감도로 생기는 빛——파장—— 을 보는 것이다. 인간의 시감각이 더욱 예리한 것은 지구 바깥에서 오는 백야광——태양광——의 최대 강도의

파장에 거의 대응하고 있는 것이다. 이것은 아마도 우연이 아니고 진화의 과정에서 생긴 것일 것이다. 즉 인간의 시각은 지구상에 특유한 것을 나타내고 있는 것이다.

### 진화는 필연적인 것일지도 모른다

내가 특히 말하고 싶은 것은 이 두번째의 생각이야말로 현실 가능성이 강하다는 것이다. 진화라는 것은 우리들이 생각하고 있는 것처럼 확률 게임이 아닐지 모른다.

내가 말하는 의미를 구체적으로 다루기 위해 유추를 이용해 보자.

그리고 잠시 제1장의 전자 실험에서 스릿트가 둘일 경우로 돌아가 생각해 보자. 그러나 이번에는 다른 방법으로 실험을 시작했다고 가정하자. 우리들은 문제가 되고 있는 전자(電子)는 큰 변화에 작은 강구상(鋼球狀)의 것이라고 생각하고 있다. 즉 19세기의 전자이다.

두 개의 스릿트를 보고 작은 구슬 모양의 전자를 발사하기 시작했다. 그 어떤 모양이 생기는 이유가 있을 것이라고 생각한다. 우리들은 그 어떤 다른 일에 관심을 갖고 있다고 하자. 예를 들면, 여러 가지 종류의 형광 물질을 각 스릿트의 배후에 놓고 칼라 텔레비젼에 어떤 것을 적용하는 것이 좋을까에 마음을 쓰고 있다. 전자가 도달하면 두 개의 형광 물질은 적색의 빛을 낸다. 이 두 개의 물질을 비교하고 싶은 것이다. 전자의 흐름을 조정하고 천천히 느리게 흘러들어 가도록 잘 맞춰두는 것으로

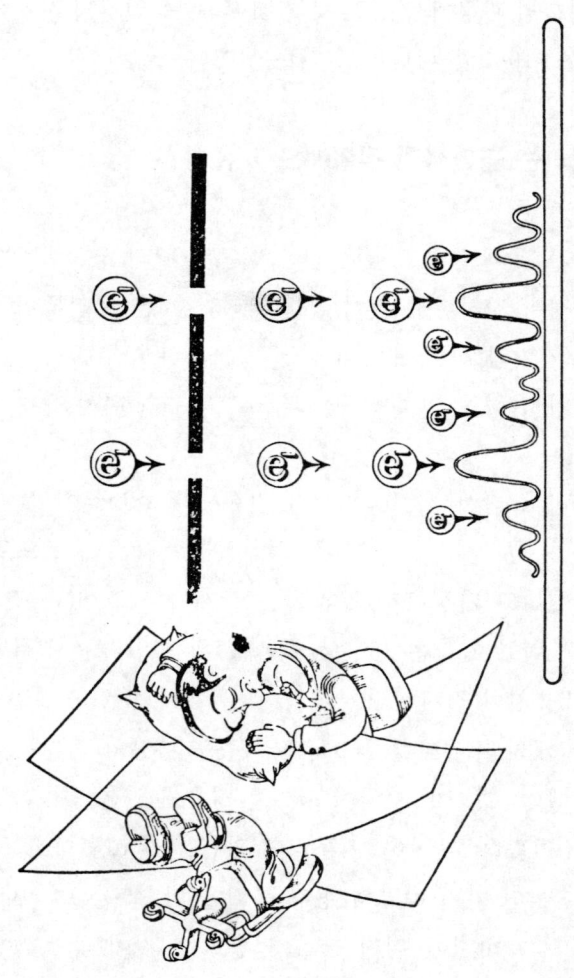

두 개의 스릿트의 실험…

하자.

계수관과 시계를 움직이기 시작한다. 최초의 양자가 형광물질을 바른 스크린에 도달하게 한다. 노트에 정확하게 빛과 색과 위치를 기입한다. 두 번째, 세 번째 전자도 스릿트를 통과시켜 마찬가지로 기입한다. 네 번째, 다섯 번째…… 마찬가지로 우리들은 관찰을 계속한다. 신용하기에 충분한 날 튕길 때 활략하는 역학——고전역학——의 지식에서는 스크린에 어떤 것이든 모양이 나타난다고는 상상할 수 없다.

### 졸린 눈, 선입관이 강한 눈길로는 패턴을 놓치게 된다

밤도 늦어 천번째 전자(電子)가 도달할 무렵에는 마침내 우리들도 무미건조한 연구——그리고 장시간을 필요로 하는——라고 생각하게 된다. 그리고 지루한 나머지 아마도 졸음이 와서 이상한 일이 일어나도 알아차리지 못하게 된다. 우리들은 모양을 찾는 일은 하지 않는다. 고전론의 논리에 따르면 무늬가 나타나는 일은 거의 있을 수 없는 것이다. 두 종류의 형광 물질이 만드는 색은 아무튼 우리들이 거의 기대하는 대로 되었다. '빨강 A'는 '빨강 B' 보다도 아마 우리들의 요구에 가까운 것이 될 것이라고 생각한다. 아무튼 나중에 분석해 보면 이것이 옳거나 그를 것이다. 그러므로 우리들의 데이타를 장래 검사를 위해 철해 둔다.

실제로는 무늬가 엄연히 실존하는 것이다. 그러나 전례와 같은 데이타 취급법이나 해석방법으로는 확실하지 않은 것이다. 그러므로 이와같이 문제에 대처하기 위한 패턴을 발견할 수 없었던 것이라고 할 수 있다. 그러나 그 데이타를 적당한 방법으로 검토하면 곧 패턴을 확인할 수 있을 것이 분명하다. 결국은 패턴화되어 있으니까. 이 경우에는 패턴이 있는 것은 가상적으로 확신하는 것이다(실제로 패턴 그 자체를 관찰하는 것이 아니고 패턴이 있었기 때문에 일어날 사상의 데이타를 보아 간접적으로 존재를 아는 것이다). 패턴을 찾을 수 있는 챤스가 매우 큰 것은 기하학적으로 단순하기 때문이다. 눈만 크게 뜨면 되는 것이다. 그러나 패턴이 생기는 것이 무작위로 일어나는 확률 사상에 기인하는 것이라고는 도저히 생각할 수 없을 것이다. 비록 그렇게 생각하는 것이 매우 논리적이고 또 매우 설득력이 있다고는 생각되어도 도저히 그렇게 해석할 수는 없을 것이다.

### 패턴이 생긴다고 확신해 버리면……

일단 패턴을 보았다고 하자. 그러면 우선 실험 장치를 재현해 보고 바보같은 실수를 하지는 않았는지 확인해야 한다. 실험은 몇 번이고 반복해서 실시해야 한다. 파라미터의 값을 여러가지 바꾸어 준다. 여러가지로 상황을 바꾸어 반복해야 한다. 계속해서 전자를 발사하고 계속해서 장치를 바꾸고…… 절대적 확신을 가질 수 있을 때까지 계속한다. 이어서 우리들은 기묘한 결과를 가져온 세계에 대해 말하는 것이다. 전자(電子)는 입자(粒子)이면서 파동(波動)이기도 하다. 그리고 동시에 이 두

가지 성질을 갖고 있다. 또는 다음과 같은 결론을 말해도 좋다. 전자는 우리들의 감각 중 시공(時空)의 세계에서는 뭔가 생기론(生氣論)이나 종말론(終末論)의 성질과 비슷한 성질을 갖추고 움직이고 있다. 개개는 마구 움직여 예측할 수 없다. 전체로써는 어디로 가려 하는 것인지 정확하게 알고 있다. 어떻게 표현한다 해도 일단 패턴이 있는 것을 인정하면 이렇게 상호 모순되는 해결법으로 인도되는 것이다. 우리들 과학의 범위에서는 이런 자연의 국면에 대해서는 그 해결법이 유일인 것이다.

## 생물학상의 진화 과정에도 패턴이 있는 것이 아닐까

이전에도 말했듯이 이것은 유추에 지나지 않는다. 그러나 그것은 예시(例示) 이상의 중요성을 갖고 있다. 물리적 현상에 직접 대응하고 있는 면이 있는 것이다. 원래 우리들의 '사고실험'과 생물학상의 진화 과정상 관찰하는 것이란, 실제로 물리학적인 대응 관계가 있는 것처럼 되어 있다. 양쪽 체계 모두 양자론적 레벨에서부터 시작되고 있다. 양쪽 모두 제약을 받으면서 진행되어 간다. 그리고 모두 예언할 수 있는 일정한 의식을 형성하고 끝난다.

두 개의 스릿트 실험에서 보면 전자(電子)는 관측되는 시공(時空) 세계 속에서 제약을 받는다. 사상(事象)의 전개는 당연 물리적으로 규정·제약된다. 그리고 확률적인 사상(事象)은 개개로가 아니고 전체로써 확실한 패턴이 생겼다고 인식된 것이다. 이런 사상이 일어난 후에 우리들은 그것을 파동성——입자성의 쌍대성이라는 좋은 기법으로 설명한 것이다. 이 기법은 편리하기 때문에 널리 받아들여지고 있다. 다른 이유는 없다.

생명 현상에 대해서는 아무리 생각해 보아도 그렇게 단순한 것은 아닌 것 같다. 전과 마찬가지로 전자의 레벨로까지 들어가 개개는 예측할 수 없는 현상에서 출발한다. 그러나 거기에서 현실 개체로 되돌아오려 하면 사태는 급속히 엉뚱할 정도로 복잡함을 나타내게 된다. 거기에는 다시 제약이 존재하는데 이번에는 그 수가 엄청나다. 때문에 보통 해석을 하는 것도 불가능하다. 그러나 그 문제에 대처하기 위해서는 다른 방법이 있다.

### 예를 들면 창조주의 버튼을 눌러 생명체를 만들어 가자

예를 들어 다른 가상적인 상황을 상상해 보자. 우리들이 어딘가에서 위대한 '창조자의 버튼'을 앞에 두고 있다고 가정하자. 이 버튼을 누르면 어딘가 하나의 불모의 혹성에 새로운 생명 활동이 시작된다. 옛날에 지구상에서 일어났던 것 같은 활동이다. 자연계는 우리들에게 편리하도록 모든 것이 오토메이션으로 되어 있다고 하자. 만일 그 버튼을 누르면 원시의 진흙에서 생명을 기다리고 있는 바다로, 또 하나 '부모가 되는 분자'가 진행되어 가는 것이다.

우선 버튼을 한 번만 누른다고 하자. 흥미깊은 현상이 전개된다. 그 현상 어딘가의 배후에 특유한 패턴이 숨겨져 있을 것이다. 그러나 검지하는 것은 거의 절망적이다. 진화 때에는 그

제3장 / 개구리와 하늘을 날으는 원반  117

 패턴은 단순한 기하학적인 일정 모양이 아니다. 비교할 때 기초가 되는 조건을 여러가지 바꾸어 보아 실험을 하는 것은 불가능하다.
 그러나 우선 지질시대 최대 구분 정도로 오랜 기간 관찰한 후에 다른 혹성을 선택하여 다시 버튼을 누르기로 결정했다고 하자. 이번에는 당연 모든 제약——즉 자연 도태의 압력——은 달라져 있을 것이다. 말하자면 우리들은 무의식적으로 '스릿트의 폭'이나 '전자의 속도'를 바꾸어 버린 것에 대응하는 것이다.
 이 두번째 과정에 있어서 예기치 못한 일이 일어나기 시작한다. 우리들이 놀라 눈을 동그랗게 뜨고 있으면 잘 알려져 있는 일련의 현상이 다시 전개되기 시작하는 것이다. 이렇게 해서 첫번째 두 번째 모두 각각 특유한 전개를 했음에도 불구하고 양자는 현저한 유사점을 갖고 있다. 두 번째 계열에 있어서도 상당히 이른 시기에 물고기는 형성되고, 몇억년에 걸쳐 거의 변하는 일없이 생긴다. 그동안 몇백만이나 되는 다른 생명의 형태가 나타나고 계속해서 쇠퇴해 간다. 우리들은 계속해서 언제까지나 관찰한다. 생명 형태는 서서히 형성되고 빛나고 선조의 형에서 바뀌어 간다. 그리고 쇠퇴해 가다가 다음에는 다른 것이 그 장소에 나타나고, 지위를 빼앗게 된다. 이것은 바로 두 개의 스릿트에 의한 전자의 실험에 있어서 사진 건판에 밝은 곳과 어두운 곳이 계속해서 생기는 것과 비슷하다. 새가 형성되고 그 자손은 아름다운 색을 지니고, 고도한 정도까지 적응된 형태를 하고 계속해서 분포되어 간다. 쥐와 같은 얼굴을 한 온혈동물이 나타난다. 마귀 마술에 걸렸다고도 할 수 있을 정도로 태어나고 죽는 사이클을 반복해 간다. 혹성중 사방에 그런 일이 일어난다. 혹성의 먼 구석에는 마침내——처음에는 거의 알아차리지 못한 채——털로 덮혀 있는 동물이 나타나고 두발로 걷는다. 그 동물은 곧 이후의 진화 현상의 전개를 지배하기 시작한다. 그는 재능이 있고 기술의 기초를 익히게 된다. 문명이 나타나고 그의 손에 의해 강력한 영향을 준다. 혹성의 표면은 비록 항상 자신의 생각대로 된다고는 한정할 수 없다고 해도 변해간다. 거기에는 문명의 힘이 크게 작용하고 있다. 그리고 마침내 이 생물은 그 기술을 우주 공간으로 받아들인다. 그렇게 하여……

## UFO의 주인이 휴머노이드일 때 패턴의 존재를 말해 준다

　그러나 진화 세계에 대한 견해는 이 점에서 더 애매하다(다음 장에서 이것을 다시 다루도록 하겠다). 그러나 아무튼 생명전체로써는 하나의 패턴을 형성해 왔다는 것을 분명히 알 수 있는 것이다. 이것을 인식한 것은 그야말로 제2세계의 결과를 제1세계와 노력하여 비교하는 것에 의해서이다. 내가 여기에서 제시하고 있는 것은 UFO의 주인이 인류형을 이루고 있을 때 비로소 그 두번째의 세계를 나타내고 있는——또는 첫번째 세계라고 하는 편이 좋을지도 모른다. (그리고 우리들이 두 번째 세계에 속해 있고……)——것이라는 것이다. 이것은 분명한 일이라고 생각한다.

　물질에 관한 파동——입자의 쌍대성에 대응하여 그 뭔가를 연구하면 생물학상으로도 같은 사고방식을 도입·제정할 수 있을까. 노벨상 수상자인 생화학자 알베르트 센트젤지는 다음과 같은 말을 하고 있다. 우리들은 '초파동 역학'——그는 그렇게 부른다——이라는 것을 만들어내야 하는 것이다. 그것이 가능할 때 비로서 합리적으로 생명을 이해하는 방법을 얻을 수 있다고 생각할 수 있는 것이다(이렇게 보면 상보성이나 대응원리라는 개념 속에 우리들을 이끌어 도움이 되려는 것이 존재하고 있는 것 같다).

　그러나 이번에는 문제는 반대의 모습을 보일 것이다. 이번에는 생명 현상 쪽이 그 어떤, 처음부터 있던 자연법칙을 말하고 최종적으로는 분명하게 해 줄 차례이다. 정확한 내용이 무엇이든 그 말에 대해 파악했을 때에는 우리들의 사고양식에 혁명이 일어날 것임에 틀림없다. 시공, 원인 결과, 개인과 인식이라는 개념이 바뀔 것이다. 그리고 상대론이나 양자역학이 그 혁명에 이르는 원인이 되는 예비 사상과 같이 생각된다. 우리들은 이런 생각으로 곧 되돌아간다.

### 생명 현상에 대해서는 두 가지 사고방식이 있다

생물학자의 다수—비록 대부분은 아닐지 모르지만—는 다음과 같이 믿고 있다. 생명 현상이 일어나는 것은 최초 생명이

없는 물질이 계속해서 조직화되는 상황을 거치게 된다. 바꾸어 말하자면 생명에 있어서 본질적인 것은 그 구성 방법, 즉 물질이 함께 결합되어 가는 양식이다. 물질 자체의 본질은 그다지 중요하지 않다. 그들은 그렇게 주장한다. 이 생각 중에는 플라톤에 의해 이상화된 '포룸'이라는 옛 개념이 다소나마 존재하고 있다는 것을 알 수 있다.

그러나 한편으로는 다른 일맥이 있어 다음과 같은 사고를 한다. 생명의 물질은 물질 그 자체에 있다는 것이다. 예를 들면 전자(電子), 양자(陽子)를 전하(電荷)나 질량(質量)으로 특징짓는 것과 거의 같은 생각이다.

이 생각에 의하면 생명은 '생명 효과'를 집대성한 것과 같은 것이라고 보고 있다. 즉 살아 있는 개체의 형태에 생명이 함께 하고 있다──바꾸어 말하자면 그 개체에 생명이 집약되어 있다는 것이다. 생각 속에는 분명히 고대 신조(信條)의 요소가 들어 있다는 것을 알아 차릴 수 있다. 이 신조라는 것은 '원자론자'에 의한 것이다. 이것은 기원전 5세기 데모크리토스까지 거슬러 올라가는 것이다.

여기에서 철학적인 대사를 사용하는 것을 허락하기 바란다. 인류는 언제나 대립되어 양쪽으로 나누는 것에 대한 필요성을 보아왔다. 세상 모든 것을 서로 배타적인 것끼리 모으고──비록 서로가 정반대는 아닐지라도──그렇게 보고 있다. 그렇게 해도 언제나 지장이 없는 것일까? 이 필요성·성벽·약점과 인간 지능의 진화상의 원천과는 관계 있는 것이다. 요는 앞으로 '초파동역학'적인 유추를 해보면 특히 이 둘로 나뉘는 성벽에 대해 그 무엇인가를 말해줄 것이다.

### 전자의 세계로 돌아가 생각하고 다음 생명현상으로 유추해 보자

예시하기 위해 다시 전자로 되돌아가 본다. 살짝 전자를 들여다 보기로 하자. 그러면 전자는 파(波) 또는 입자(粒子) 그 어떤 것으로써 움직이고 있다고 보고 싶어진다. 전자가 보통 어떤 것인 것이냐 하는 것은, 모두 그 존재를 확인하기 위해 사용하는 장치의 조합과 그때의 상황에 의존하고 있다. 과학자는 이 입자—파동 2개의 가능성을 이것저것 조합하는데 상당 기간 동안 악전고투했지만 드디어 두 개의 성질이 모두 전자 고유의 것이라고 보는데 성공했다. 전자(電子)는 어떤 때는 한 쪽으로 움직이고, 어떤 때는 다른 쪽으로 움직인다는 사실을 그 상황이 설정하는 방법에 의존한다고 했던 것이다. 분명히 이런 수법은 교묘하게 곤란을 피할 수 있는 아주 편의적인 방법이다. 특별히 철학적으로 생각하여 도저히 허락할 수 없는 그런 것은 아니다.

유추는 이미 분명할 것이다. 우리들도 전자의 세계와 양립하여 그와 같은 생각을 해 보자. 그러면 생명이라는 것은 물질 고유의 것이라고 생각할 수 있다. 그러나 물질이 생명으로써의 특질을 나타내는 것은 어떤 특수한 환경하에 있을 때인 것이다. 이 환경은 현재 알려져 있는 것 중에서 가장 복잡한 양상을 띄고 있다. 물질은 어떤 일련의 상황하에서는 죽어 있고 다른 상황하에서는 이상하게도 살 수가 있는 것이다. 그런 죽음에서 삶으로의 변천을 일으키게 하는 것은 물질에 내재하는 특성 및 고유한 환경 구조인 것이다. 큰 석회석의 혼은 그 구성 요소로 되어 있는 전자·양자·중성자와 마찬가지로 어디에서 보나 죽어 있다. 그러나 그것을 적당한 프로세스 속에 넣고 그 원자·분자를 취해서 생물의 생명 활동 속에 조합하면 수년 전까지는 돌에 지나지 않던 것이 다른 양상을 띨지도 모르는 것이다. 생명 현상이란 물질속에 처음부터 잠재적으로 존재하고 있는 성질이 발현되는 것일 뿐이다. 그러나 잠재적으로 가능성이 있다는 것은 가능성이 발현된다는 것과는 다른 말이다. 이렇게 생각해 보면 물질은 어떤 의미에서는 살아있지 않다. 가능성과 그 가능성의 실현과는 전혀 다른 것이다.

## UFO의 주인과 성서 주인······

이 장을 통해 실시해 온 의론은 사실이다, 사실이 아니다라고 주장하는 사람이 있을 만한 데이타에 근거를 두고 있다. 즉 지구상에 우주에서 온 살아 있는 물체가 관측된다는 것. 그리고 지구밖 생물은 인간의 모양을 하고 있다는 것을 기반으로 했다. 전자 따위는 그다지 흥미도 없지만「성서」나 우주인에 언급을 하기도 하고 양자를 동시에 같은 레벨로 논하면 사정은 달라져 버린다.

지구 바깥에서 온 휴먼노이드의 데이타는 다음 두 가지에서 얻어 왔다. 하나는 현재 하고 있는 UFO의 관측이다. 또 하나는

「성서」에 서술되어 있는 역사적인 일이다. 만일 이와같은 데이타들이 실제로 진실을 보고하고 있는 것이라면 그것은 양자 모두 같은 현상이나 유사한 현상을 가리키고 있다는 것은 분명하다. 세상의 선입관에 의하면 물론 양자 모두 전혀 다른 것이라고 되어 있다. 이 두 개의 데이타는 이런 생각과 대결해야 한다. 불행하게도 이 선입관이야말로 우리들의 데이타 견해를 편견에 찬 것으로 만들고 있다. 그리고 양자의 대응을 혼란시키고 허락 하지 않는다.

나는 독자 여러분과 함께 아직 남아있는 의론을 다루어 보고 싶다고 생각한다. 마음을 충분히 열고 철학적인 생각을 받아들이자. 머뭇거려서는 안된다. 지금이라는 상황은 신도들에 의해 사형당할 일이 없는 것이다. 대담해져도 크게 고통을 받는 일은 없다. 하지만 예의 현대 과학이 낳은 '거울의 개구리'와 정면으로 대결하기에는 아직도 너무 이르다.

# 제4장
# 지구외 문명은 존재하는가

그러나 좀더 넓은 의미에서의 목적론(目的論)이 존재하고 있다는 것을 생각할 필요가 있다. 이것은 진화론의 교조(敎條)로서 채용되고 있는 것은 아니다. 그러나 진화론의 기본적인 명제에 기반을 두고 있다. 이 명제는 다음과 같은 것이다. 생물이든 무생물이든 모든 세계는 정해진 법칙에 따라 다소 상호작용을 한다. 그리고 그 작용의 결과로써 존재하고 있다는 것이다. 그리고 우주가 만들어진 원시성운 속의 분자가 서로 힘을 미친 결과라고 주장한다. 만일 이것이 바르다면 실로 현존하는 세계는 우주의 증기속에 현재로 이르는 가능성이 감춰져 있었다는 말이 되는 것이다.

—토마토 헉슬리(1825년~1895년)

## 천문학자는 정적인 면밖에 관찰할 수 없다

　18세기의 저명한 천문학자 윌리암 허셸경은 천문학자가 항상 직면하는 곤경을 흥미깊은 예를 들어 설명했다. 허셸의 비유는 이렇다. 천문학자라는 것은 결코 나무를 본 적이 없는 자에게 숲을 걸을 기회가 찾아온 것 같은 것이다라고 한 것이다. 완전히 매료된 그 남자는 천천히 걸어다님에 따라 모든 종류, 모든 크기의 나무들을 본다. 작은 나무나 우거진 활엽수가 힘차게 자라있는 모습을 비롯하여 거대한 탑과 같은 나무들이 우거져 있는 모습에 이르기까지 여러 모습을 그는 보는 것이다. 그 동안에는 아무런 일도 일어나지 않았다. 지각할 수 있을 정도의 생육(生育)을 보이는 나무도, 지면으로 쓰러지는 나무도 없을 것이다.
　이 사정은 현대 천문학도 마찬가지이다. 인간의 일생이란 우주의 시간에 비하면 짧은 순간에 있어서 눈에 띄는 사건이 천공에서 생기는 일은 없다. 사건이 계속해서 발생하고 강력하게 발전하고 있는 것에 대해서도 천문학자는 정적인 묘상 밖에 얻을 수 없는 것이다. 그 묘상에서 전체상을 만들어가야 한다. 별이 생기고 사라져 가는 역사를 최대의 노력을 하고 생각해 나아가야 하는 것이다. 그러므로 현상을 정확하게 파악하려 하는 천문학자의 기도는 모든 점에서 정밀한 것이라고 생각하지 않는 것이 좋을지 모른다.

## 천문학자의 숫자로는 10=1?

현대 소련의 우주선 물리학자 V. L. 긴츠브루그도 이와 거의 비슷한 생각을 재미있는 양적 방법으로 표현하고 있다. 긴츠브루그는 사실 핵심을 잘 다루고 있다. 그에 의하면 천문학이나 우주론에서의 의론 배후에 있는 기본적인 방정식이라는 것은 10=1이 되어 있다──반드시 그렇다는 것이다. 바보같은 생각인 것 같지만 그가 말하는 이 일 중에는 진리의 단편이 존재하고 있다.

예를 들어 보자. 우리들이 소속되어 있는 은하계──즉 은하수──에는 약 1000억($10^{11}$, 즉 1다음에 0이 11개나 계속되는 숫자)개나 되는 별이 있고, 여러 가지 종류·크기·연령을 나타내고 있다. '약'이라는 말은 중대한 의미를 갖는다. 실제는 2000억($2 \times 10^{11}$)개에 가까울지도 모르고 또 총수 3000억($3 \times 10^{11}$)개의 별이 있을 가능성도 있다. 그러나 $10^{11}$은 그에 충분히 가까운 수인 것이다. 2배라거나 3배라는 차이는 이런 일에는 거의 문제가 되지 않는 것이다. 긴츠브루그 논점이 나타내듯이 천문학자나 우주론자가 10배에 10분의 1이라는 차이로 일관하면 멋지게 성공하는 것이 보통이다.

그와 관련하여 생각해 보자. 현재 아메리카 합중국의 국채는 수천억 달러라고 할 때의 '수'라는 것은 조금 중요한 숫자가 되어간다. 원래 현재 아메리카의 재정 정책 중에는 이 대범하고 행복한 천문학적인 설명 방법이 다소 들어있지 않은지 탐색해 보고도 싶지만.

아무튼 1000억이라는 것은 매우 큰 수로 별의 수가 많다는 것은 분명하다. 비록 그 숫자에 달러를 붙여 금전으로 고쳐

제4장 / 지구외 문명은 존재하는가  129

천문학자의 수학은 10=1이다.

그 화폐의 가치가 어느 정도인가를 생각해 보아도 숫자 자체가 크다는 느낌은 없다. 이 별의 모든 것이 한 개 한 개 먼 곳에 있는 태양이라는 것이라고 마음에 그려 보면 이 수가 매우 중요하다는 것을 알아차리게 된다.

### 우주 별 구성

그러나 별을 계산하는 단계가 되면, 은하수에 관해서도 아직 막 시작된 것일 뿐이라고 말해도 좋다. 저쪽, 그러나 아직 광학적으로 관측할 수 있는 우주 공간 속을 현재 최량의 망원경으로 보면 다른 은하나 별의 혼이 전면에 펼쳐져 보인다. 이런 '도상 우주'——이것은 18세기에 임마누엘 칸트가 부른 말이다——또 우리들이 소속되어 있는 은하계와 마찬가지로 별이 원반모양으로 모여 있다는 것이고 거대한 소용돌이 모양의 띠로 되어 있다.

10개의 별을 갖고 있는 은하수는 실제로는 전혀 전형적인 은하가 아니다. 다음 한 점에 있어서 보통과는 다르다. 즉 그것은 큰 부류에 속해 있다는 것이다. 하나의 은하계에 대해서는 100억($10^{10}$)개 정도의 별이 있다고 말하는 편이 더 좋은 근사치일지도 모른다. 이 전체적인 수는 바로 뒤에 필요하게 된다. 그러나 10=1이었다. 그러므로 아무튼 별로 틀린 것은 없는 것이다.

**은하계→크러스터→크러스터의 크러스터**

은하계의 수 쪽은 $10^9$내지 $10^{10}$개 정도이다. 이것이 우주 도처에 흩어져 있다는 것이 오늘날 최량의 추측이다. 흥미롭게도 덧붙여 서술하면 별의 집합체를 큰 덩어리, 그 중 작은 덩어리라는 식으로 계층으로 나눈 경우 은하계는 그 최종적인 큰덩어리가 아닌 것이다. 은하계 자체로 10이나 100으로 여기저기 모여 방사상을 이루고 있다. 이것을 크러스터라고 하고 있다. 이것은 100인치 망원경이나 200인치 망원경으로 보아 확인할 수 있다. 또 다음과 같은 사실을 나타내는 증거도 있다. 이 은하계의 크러스터도 또 모여 '초은하계'라고 불리우고 있는 것——또는 은하계의 크러스터의 크러스터라고 불리우는 것——을 형성하는 것이다.

이들 전부의 별 수는 헤아릴 수도 없지만 아직 헤아리지 못하고 있는 것은 아니다. 실제로 그 총수를 평가하기에 족한 충분한 데이타가 있다. 1은하계당 평균 $10^{10}$개의 별이 있다고 하고, 은하계 전부의 수 $10^{10}$(이것도 마찬가지 정도의 수이다) 곱해 본다. 그러면 관측하려는 우주 속에는 전부 약 $10^{20}$개의 별——이 수를 전부 쓰면 100,000,000,000,000,000,000이 된다!——이 있다는 말이 된다. 이들 모두가 조용히 반짝이고 있고 물리학과 같은 보편적인 법칙에 따라 독립적으로 존재하고 있는 것이다.

### 우주 기원에 대해

이들 기원은 어떤 것이었을까. 어떻게 해서 어떻게 되어 온 것일까. 다시 우리들은 예의 단일 사항으로 판정하는 문제——

이미 몇 번이나 서술한 문제가 제기되는 것이다. 그러나 이번에는 강력한 방해물이 나타나게 된다.

별이나 은하계의 기원에 대해 말할 경우에는 모든 일에서 가장 중대한 문제——즉 우주의 기원 자체——를 다루게 되는 것이다. 아주 오래전 만물의 궁극적인 기원에 이르기까지 되돌아가면 우리들은 금지된 한 발을 내디디게 되고 만다. 인과율이 성립되는 영역에서 나가 버리는 것이다. 인과율은 그 성질상 우선 최초의 원인에 대해서는 아무것도 가르쳐 주지 않는다. 이미 일련의 사건이 계속해서 일어나고 있는 것에 대해서는 인과율에 의해 다룰 수 있다. 그러나 최초의 원인이라는 것은 과학 고유의 영역 밖의 일이라고 보는 것이 원칙이다.

### 정상 상태의 우주

이 곤란을 피해 시험에 통과한 사람은 영국의 우주론학자 하먼 본디, 토마스 골드, 프레드 호일, 이 세 사람이다. 몇 년전인가, 그들은 정상 상태의 우주라고 하는 것은 제창했다. 이것은 어떤 점에서 보아도 시간적으로나 공간적으로나 엄격하게 같은 모양을 하고 있는 우주를 가리킨다. 정상 상태의 우주에는 시작이라는 것이 없는 것이다. 오래 전으로 거슬러 올라가도 언제까지나 쭉 계속되고 있다——무한의 시간이 계속되고 있는 것이다. 그러므로 그 개시 따위를 의문으로 생각할 필요는 없는 것이다.

불행하게도 우주론학자의 철학적인 짐은 그렇게 간단하게는

제 4 장 / 지구외 문명은 존재하는가  133

버릴 수 없었다. 정상 상태의 우주의 모델은 단순한 묘상을 그려 안락을 얻으려고 하고 있었으나, 근년 그것은 못쓰게 만드는 강력한 증거를 만나 급속히 쇠퇴했다. 어떤 관측치(觀測値)가 이론과 맞지 않는다는 것을 알고 정상 상태의 우주 모델은 우주의 진리를 말한다고는 이미 생각할 수 없게 되어 있다.

그 대신 다음과 같은 모델이 유력해지고 계속해서 증거가 만들어지고 있다. 즉 약 100억 내지 200억년 전 거대한 폭발에 의해 우주가 생겼다고 하는 것이다. 이 폭발은 '대폭발'이라고 불리우고 있다. 빅번에 이어——아무튼 그에 상당하는 것 뒤에 ——여러 가지 현상이 복잡하게 전개되어 우주가 오늘의 형이 되었던 것이다.

## 그럼 빅번 이전에는?

여기에서 좀더 사색을 좋아하는 독자 여러분은 인과율(因果律)을 넘은, 무인 지역으로 금지된 한발을 들여 놓고 싶어할지도 모른다. '그 폭발 이전의 세상은 어땠을까?' 그렇게 묻고 싶을지도 모른다. 또는 '세상의 처음이라고 불리우고 있는 시기에 거대한 폭발이 있었다는 것은 잘 알았다. 그러나 그 때보다도 전에는 어땠는가'라고 목소리를 높일지도 모른다. 아무튼 이 문제는 종종 반복되어 우리들을 곤란하게 해왔다.

안타깝게도 실제로는 그에 대한 좋은 대답이 없는 것이다. 이 때문에 종종 너무나도 형이상학적인 문제로 취급되는 것이다. 또는 이상하게 생각하고 있는 사람에 대해 그 문제가 '과학적으로 무의미한 것'이라는 말을 불행하게도 할 것이다. 실은 우리 자신이 이렇게 해서 두세 가지의 질문자를 떨쳐버리고 있는 것이다. 부끄러운 일이지만 그것은 인정하지 않을 수 없다.

그러나 진실을 탐구할 때──지금의 경우만의 진실이라고 하는 편이 좋을지 모른다──가 왔다. 앞으로 반이라는 것은 이미 반만은 진실을 알고 있다고 생각되기 때문이다. 남은 반의 진실이라는 것은 무엇일까? 시간도 공간도 결국 우리들이 생각하고 있는 것과 같은 것은 아니라는 것인가? 또 사물의 시작 이후는 그 이전과는 모습이 달랐다는 것이 안전한 대답일 것이다. 이것이 우리들이 이해할 수 있는 최대이다.
　아는 척하여 속이거나 뜻을 알 수 없는 부적절한 전문어를 들먹이는 것을 피하기 위해 그 시작에 대해 고려(考慮)하는 것은 그만두자. 우리들은 의론을 그 시작 직후의 점——예를들면 30분 정도 후——부터 하기로 한다. 그때에는 아직 비교적 적은 ——그러나 팽창하고 있는——우주는 거대한 폭발의 영향하에 있었다.

## 최초는 수소 가스와 헬륨이 있었다

　최초의 폭발 에너지는 급속히 팽창되고 있는 수소 가스 덩어리 속으로 유입되어 갔다. 아마도 소량의 헬륨도 존재했었을 것이다. 여기에서도 너무 상세한 것에 대해서는 알 수 없다.
　새로이 태어난 우주는 급속히 팽창하고 있다. 수소 가스 구름이 완만하게 소용돌이치고 있는 상태를 유지한다. 그리고 아마도 어느 정도 헬륨이 혼재하고 있었을 것이라고 생각한다. 이런 모습을 마음에 그려보기 바란다. 그러나 그 이외의 것은 없었다. 탄소도 질소도 산소도 헬륨보다도 무거운 원소는 아무것도 없는 것이다.
　아마도 이 창조 활동의 대이변 속에서 물리법칙의 모든 것이 동시에 움직이기 시작했을 것이다. 게다가 현재에 이르기까지 법칙의 형은 변하지 않았다고 생각된다. 이 시점에 있어서 가장 중요한 것은 중력(重力)의 법칙이었다.
　소용돌이 모양을 한 가스 구름이 냉각되어 날아가 버림에 따라 중력이라는 새로운 힘이 그 효과를 발휘하기 시작했던 것이다. 그 영향하에서 냉각된 가스 조각이 천천히 수축되기 시작했다. 원자가 계속해서 상호 밀고 당긴다. 그러면 그 가스의 조각은 떨어져 버리고 분명히 다른 구름을 형성하기 시작하는 것이다. 그러나 가스 구름은 더 거대한 폭발에 의한 초기 운동량을 갖고 있으므로 우주 구석 쪽을 향해 서로 떨어지면서 계속해서 날아가 사라진다.

### 크러스터의 원형이 생긴다

거대한 폭발에 계속되는 이런 단편적인 응축—이것이야말로 오늘날 관측되는 은하계의 크러스터 최초의 형인 것이다. 그것은 끊임없이 팽창하고 있는 우주 속에서 초기 운동량을 유지하면서 우주의 중심에서 밖으로 향해 계속해서 날아간다.

한편 희박한 가스 구름 자체는 중력의 영향에 의해 더더욱 단단하게 결합되어 간 것이다. 그렇게 함에 따라 그 대중적인 소용돌이모양 운동—가스 구름 내부에 여러 가지 작은 소용돌이 흐름을 형성하려는 경향—은 점점 심해진다. 이것은 각 운동량의 보존 법칙에서의 필연적인 결과이다(각 운동량이라는 것은 회전을 양적으로 나타내는 것으로 직선운동을 할 때 운동량에 대응하고 있다. 그것은 물체의 질량과 회전 속도의 곱을 포함하고 있다.) 그 외에 회전축에서부터의 거리도 포함한다) 외부에서부터 회전력이 걸리고 있지 않을 때는 물체의 각 운동량은 변하지 않는다. 만일 물체의 크기가 작아지면 좀더

스케이터와 각운동량(角運動輛) 보존법칙

빨리 회전하지 않으면 각 운동량은 보존 되지 않는다. 이 효과는 예를 들면 피겨 스케이팅을 하는 사람이 잘 이용하고 있는 것이다. 천천히 미끄러질 때는 스케이트는 양 팔과 한쪽 발을 밖으로 벌려가고 회전을 빨리 할 때는 가능한 짧게 하고 있는 것이다). 그리고 곧 가스 구름은 뿔뿔이 흩어지기 시작한다. 이 말은 조각이 작은 소용돌이 흐름을 만들어가려는 경향이 중력의 작용보다 낫기 때문이다. 마침내 좀더 작은 조각으로 나눈다. 그러나 이번에는 조각은 초기 조건 때문에 날아가 버리지 않을 수 없는 식이 되지는 않는다 (그 근본 가스 구름은 서로 흩어져 가지 않을 수 없었지만). 그 조각은 밀접하게 결합되려는 경향을 계속해서 지닌다. 그리고 원래의 큰 구름이 차지하고 있던 우주의 영역을 천천히 떠간다. 이 두번째 조각이 만든 것이 발생기의 은하계인 것이다.

## 중력의 작용이 우주 창조에서는 중대한 역할을 하고 있다

그 동안에도 우주는 계속해서 팽창했다. 이 가스 구름에서 떨어져 나간 조각 속에서는 중력의 존재에 의해 수축 작용이 쭉 진행되고 있는 것이다. (만일 중력이 척력(斥力)이었다면 어떤 일이 일어났을까? 그때 우리들은——또는 인간에 상당하는 어떤 것도——별로 많지 않은 사건들과 조우했을 것이다). 우주의 척도로 사물을 생각하면 이후 매우 빨리 다음 일이 일어났다. 회전 속도의 증가, 더더욱 중요해져 가는 자장의 효과, 게다가 중력——이들이 하나가 되어 영향을 미치고 또 더 많은 조각으로 나뉘어져 가고 진화되고 있는 은하계 각각 속에서 물질의 농도가 높아지고 거대한 덩어리가 생기기 시작했다. 이 덩어리는 별이 다수 모인 상태를 이룬 크러스터이다. 오늘이라도 곧 관측할 수 있다. 이런 광대한 창조 활동은 주로 은하계 중심부 부근에서 행해지는 것이다.

그러나 아직 별 자체는 만들어져 있지 않다. 그리고 또 수축과 파쇄(破碎)의 과정이 계속 되었다. 내부에서는 큰 구상(球狀)의 덩어리가 여기저기에서 합체된다. 그리고 더 농도가 높은 물질로 되어 있는 작은 덩어리가 형성되어 가는 것이다. 이 작은 덩어리는 구상의 큰 덩어리에 둘러싸여 이것은 마치 옛날 만든 푸린 중에 있는 것과 같은 상태인 것이다—마침내 우리 태양계의 태양과 같은 개개의 별로 수축되어 갔던 것이다.

### 즉 4단계를 거쳐 별이 생겼던 것이다

따라서 최초의 대폭발 이후(적어도) 4단계의 세분화가 계속해서 일어난 것이 된다. 처음에는 은하계의 크러스터로 세분화되고, 또 은하계로 나뉘어져 가고, 또 구상(球狀) 크러스터로 옮겨져 갔다. 그리고 마침내 드디어 별이 되었던, 즉 원성(原星)이라고 할 수 있는 것이 생기게 되었다. 이것이 최종 단계이다.

이 시점에 있어서 의론을 조금 좁혀 한 개의 별—그리고 태양—에 한해 그 역사를 더듬어 보고 싶어진다. 그러나 아직 태양의 역사는 나타나지 않는다. 태양은 이와같은 초기 상태의

별에는 속하고 있지 않은 것이다.

지구 표면을 보면 매우 많은──전부 92의──원소가 존재하고 있다는 것을 알아차렸다. 이들 모두가 부모의 별──태양──에서 받아들여진 것이다. 태양은 어디에서 탄소, 질소, 산소, 칼슘, 철, 우라늄 등을 얻을까? 아주 오래 전에 있던 수소, 헬륨에서 합성된 것일까? 논리적으로는 그렇게 추측하고 싶어지지만 실제로는 다르다. 태양도 또 다른 천체에서 받아들인 것이다. 그런 원소는 태양의 생성 이전에 좀더 오래 전부터 있던 무거운 별의 내부에서 합성되었다.

우리들의 태양계 중 태양은 비교적 평균적인 별이다. 그렇게 큰 것은 아니고 보통 별의 규준에서 보아 특별히 고온인 것도 아니다. 그렇다고 해서 너무 작지도 않고 지나치게 저온도 아니다. 태양의 에너지원은 하나—— 비교적 단순한 원자핵 반응——인 것이다. 즉, 수소 원자핵이 헬륨 원자핵으로 변해 에너지를 방사하고 있는 것이다. 태양의 중심부 깊숙히 팽대한 중량의 물질이 겹쳐져 수소가 압축되어 매우 고온·고농도가 되어 있다. 그리고 수소 원자핵끼리 매우 근접되어 놓여지게 되는 것이다. 실제로 매우 근접되어 있는 상태이므로 복잡한 현상을 계속해서 일으키고 헬륨 원자핵으로 융합되어 간다. 헬륨 원자핵은 구성 요소의 수소원자핵을 두 개 합친 것보다 조금 가볍다. 이 질량의 차—— 질량 결손——가 잘 알려져 있는 아인쉬타인의 관계식 $E=mc_2$에 따라 에너지로 바뀌는 것이다.

### 여러가지 원소가 생긴 이유

'제1세대'의 별——즉 큰 구상(球狀)크러스터 내에서 직접 응결된 별——은 모두 태양과 마찬가지로 수소를 헬륨으로 변환하는 것에서부터 출발했다. 그러나 그 후 시간이 흐름에 따라 중심부의 온도나 밀도가 더더욱 높아지고 다른 반응이 일어날 수 있게 된다. 약 1억도의 온도로, 그리고 물의 10만배에 가까운 밀도——모든 상상할 수 없을 정도의 것이다——가 되면 헬륨 원자핵은 세개씩 모여 탄소 원자핵으로 융합되기 시작한다. 그 결과 또 더 많은 에너지를 얻을 수 있다. 그리고 무거운 별에서는 한층 복잡한 원자핵 반응이 가능해져 간다.

온도가 높아짐에 따라 무거운 원소가 계속해서 합성되기 시작했다. 산소, 마그네슘, 규소, 유황 등등이다. 충분히 무겁고 필요한 조건에 맞는 별에서는 복잡한 반응이 계속해서 증가되고, 철(원자 번호 26) 원소 부근의 원자 번호를 가지고 마침내 원소가 만들어졌다. 실제로 동이나 아연 (원자번호는 각각 29와 30)의 원자 번호에 가까운 원소에 이르기까지 대부분은 우주 도처에서 이렇게 해서 별 내부에서 만들어진 것이다. 그들은 원소의 동기율표(同期律表)에 기재되어 있는 것과 거의 같은 순서로(그러나 순번이 뛰거나 원소가 빠져있다) 계속해서 만들어졌다.

그러나 그와 같은 재생 불능의 핵 연료의 연소(燃燒)에는 한계가 있다는 것이 명백하다.

별의 최초의 질량에 의해 진화의 역사가 비교적 온화하게 종료되거나 눈부신 결합을 이루거나로 정해진다. 무거우면 무거울수록 별의 진화과정은 비교적 급격하고 극적인 종말을 맞는다. 그 죽음의 고통이 초신성(超新星)인 것이다. 즉 별이 매우 강대한 폭발을 함으로 인해 단 1개의 별이 빛나는 것이 짧은 기간에는 전 은하계의 빛에 필적하는 것이다. 이런 폭발에 의해 철 원소 부근을 넘은 원소가 만들어진다. 우라늄에 이르기까지 또 원자 번호 100이상의 불안정한 기묘한 원소마저도 만들어지는 것이다.

이렇게 해서 원소에는 다음 3종류가 있게 된다. 첫째로 그 폭발에 의해 직접 만들어진 것, 두번째로 다소 무거운 원자핵이 파괴된 결과 남은 것——이에 의해 이전에는 만들어 지지 않았던

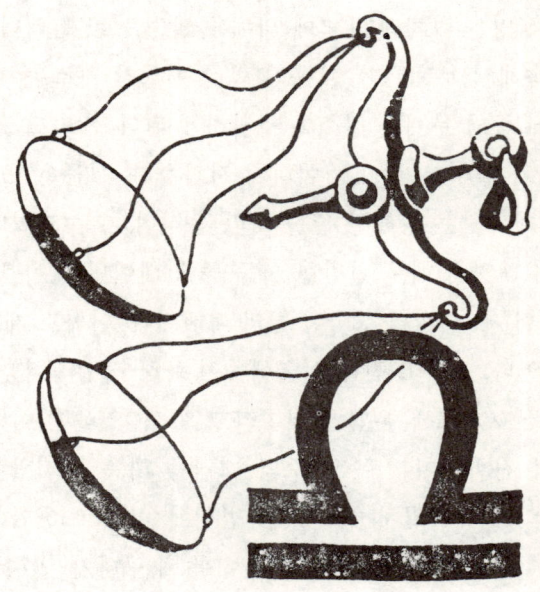

 질량(質量)이 가벼운 것에서부터 중위인 것에 이르는 원자핵 다수가 생성된다. 세번째로 폭발 이전부터 별에 있었던 원소로 파괴되지 않았던 것, 이들 모두가 맹렬한 속도로 우주 공간 속으로 강제적으로 방출되는 것이다. 그렇게 하여 그 공간 속에서 대폭발 이래 남아 있던 수소나 헬륨으로 서서히 혼합되어 간다.
 그렇게까지 격렬하지 않은 별의 종말은 여러가지 방법으로 일어난다. 그리고 또 원소를 합성한다. 그들 원소 대부분은 자신이 태어난 행성간 물질인 기체 속으로 방출된다.
 우리들이 소속되어 있는 은하계 내에서는 평균적으로 거의 1~3세기에 하나의 초신성(超新星)이 관측된다. 그러므로 행성간 가스는 생명을 마치려는 별에 의해 돌발적으로, 그러나 간헐적으로 계속해서 보충된다. 보통 희박한 행성간 가스는 마침내 그 조직중에 좀더 무거운 원소를 조립하게 된다. 그리고 크러스터마다 제2차 별의 생성이 일어나기 시작한다. 사물은 또 은하계 속에서 예측되는 정해진 길을 따라 움직여 가는 것이다.

우리들의 태양은 매우 완만한 활동 중에 태어난 별이다. 그것은 제2세대나 제3세대의 성숙된 별의 적례이다. 아마도 제3세대에 속할 것이다. 그리고 전해 서술했듯이 은하수의 영역중 전형적인 별의 본보기로써 온당한 것이라고 할 수 있을 것이다.

이제까지 진화되어 가는 우주의 개념을 대충 살펴왔다. 단 과학자들의 의견이 일치하고 있는 범위에 머무르고 있다. 이 이후 현재 상태에 가까우면 가까울수록 누구나가 인정할 수 있는 넓은 길을 찾아내기가 곤란해진다. 근년 혹성의 형성에 대해 여러 가지 생각이 제안되고 있고, 그것이 계속해서 받아들여지고 있다. 그러나 그 중에서 가장 정확하게 여겨지는 것은 후레드 호일에 의한 것이다.

## 호일에 의한 혹성 생성의 설명

호일은 18세기에 칸트와 라프러스가 처음으로 각자 세운 가설에 의한 모델에 따랐다. 그리고 원성(原星)이 더 수축되어 시간이 지남에 따라 안정된 것이라고 생각하고 그 과정에서 혹성이 생성되었다고 제안하고 있다.

처음에는 소용돌이 운동이 있었으나 이것은 우주의 생성 제1

단계의 세분화 이후 쭉 일어나고 있다. 이 운동은 비교적 작은 덩어리의 원성에 있어서는 회전 운동으로써 명백하게 정의할 수 있다. 거품과 같은 느낌의 원성이 자신의 중력 영향에 의해 수축된다. 수축하면 수축할수록 각 운동량을 보존하기 위해서는 보다 빨리 회전해야 한다. 수 광년의 큰 덩어리에서 직경 100만 마일(약 160만 킬로미터)──이것은 안정된 별의 표준인 것이다──로까지 수축하는 동안 별의 회전 증가 비율은 팽대한 것이 되었다. 그리고 회전수가 증가된 결과 물론 적도에 있어서의 이동의 속도는 대단한 것이었다.

### 적도 주위가 팽창, 떨어져 나간다

그러나 수축되어 있는 물체가 고온이 됨에 따라, 또 밀도가 커짐에 따라 이번에는 다른 물리적인 인자(因子)가 들어왔다. 그리고 그 이전 단계에 일어났던 세분화(단편화)와 같은 경향은 거의 없어진다. 새로이 생성된 별은 끝없이 회전수가 증가되었기 때문에 필연적으로 양극이 찌부러져 적도가 부풀어 오르기 시작한다. 마침내 회전에 의한 작용이 너무나도 커진다. 별은 그 속의 중력(重力)에 의해 물질을 꼭 닫아두고 있지만 그 힘이 미치지 못하게 되기 시작했다. 그리고 적도 부근의 공간 속으로 그 물질이 넘쳐 나온다. 마침내 각각 별의 적도 주위의 궤도로 물질에서 생긴 얇은 원반상의 것이 부풀어 올랐다. 이 원반상(円盤狀)의 물질도 별과 같은 방향으로 계속해서 돈다. 별이 더욱 수축되면 별 쪽이 원반상 물질보다 더 빠르게 회전하는

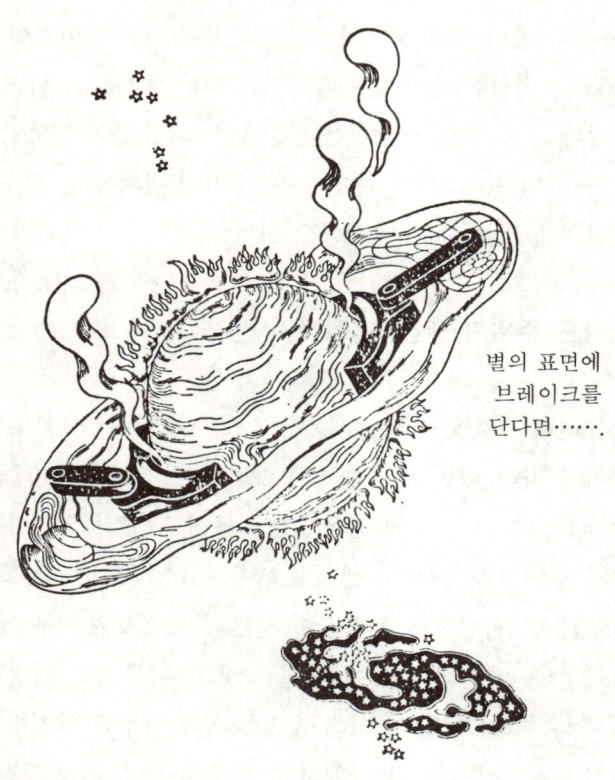

별의 표면에
브레이크를
단다면…….

생성기의 태양계.

것이다.

그러나 이때까지는 원반상의 물질은 강력한 자장에 의해 원래의 별에 탄성적으로 결합되어 있다──이것은 고온이 기체 이온 중에서 소용돌이 운동이 일어났을 때의 필연적인 결과이다. 그러므로 원반은 자기적(磁氣的)인 결합에 의해 별 표면 운동에 브레이크를 거는 역할을 하며 끌려간다. 그리고 별의 여분의 각 운동량을 빼앗는다. 이와같이 별의 회전수는 작아져 가고 태양의 현재 회전수──25일 주기──로 대표될 정도의 것이 되었다. 별의 수축 운동을 위해 또 계속되고, 원반상 물질의 안쪽이 별의 표면과 분리되어 동심원상의 물질환이 생겨 별을 둘러싼 형이 된다. 이 새로이 생긴 것은 별과는 독립된 다른 천체가 되는 것이다.

별이 안정 상태를 만들려고 회전을 늦추고, 농밀해졌을 때 감싸고 있는 원환(円環)은 그 주위를 궤도를 그리며 계속해서 움직인다. 원환 속의 휘발성이 다소 작은 물질은 곧 큰 덩어리로 응축되기 시작한다. 원환 내부에는 철이나 니켈이 녹은 것이나 초기 암상 물질 등이 있다. 그리고 시간이 지남에 따라 이 덩어리는 합체되기 시작하고, 중력이 기반이 되어 일어난 압력이나 온도의 영향하에서 융합되어 혹성이 된 것이다. 철과 같은 비교적 무거운 원소는 중력의 영향으로 인해 중심부로 모이고 다소 가벼운 원소나 휘발성 가스는 표면 쪽으로 가 혹성의 외곽이나 대기를 형성했다.

## 물질이 생기기 시작하는 것이다

이렇게 해서 마침내 물질의 몇 가지 특질이 나타난다. 새로이 생성된 혹성 표면——그것은 외기에 닿아 변화되어 급격한 형성 활동이 계속되고 있다——에서는 간단하게는 쓸 수 없을 정도의 복잡하고 경이적인 일이 일어나기 시작했다.

우선 최초로 다량의 수소 존재 때문에 화학반응이 계속해서 일어났다. 그러나 시간이 지남에 따라 안쪽 궤도를 그리고 있는 작고 따뜻한 혹성에서는 비교적 가벼운 원소는 약한 중력을 뿌리치고 증발하여 도망쳐 버렸다. 증발해 가는 것은 주로 휘발성 수소나 헬륨이므로 혹성에서는 또 다른 좀더 복잡한 원소 결합이 실시된다. 이산화규소, 규산 알루미늄, 메탄, 암모니아, 물 등에서 출발하여 차례차례 화학 결합이 일어났다. 물론 모든 것이 물리학의 일반 법칙에 지배되고 있는 것이다.

## 생명의 발생은 어떻게 해서 일어났을까

지구——이 지구에 의지하여 혹성에 대한 직접적인 지식을 얻고 있다. 곧 생명의 가능성이 출현했다. 실제로 사태는 비교적 빨리 일어난 것임에 틀림없다. 지구가 생겨난 것은 약 45억년 전의 일이라고 생각되고 있다. 그리고 지상에서 최초의 생명 징후는 아마도 35억년 전으로 거슬러 올라갈 수 있을 것이다. 신생(新生) 지구가 냉각되는데 상당한 시간이 필요했으므로 생명이 비생명에서 자연 발생한 것은 상당히 급격한 일이었을 것임에 틀림없다. 아마도 2~3억년의 기간 동안에 이 이행이 행해졌을 것이다.

어떤 증거를 보아도 지구에서는 한층 복잡한 사태로라는 경향이 계속되고 있다. 물질은 물리학상의 일반 법칙에 따라 더더욱 교묘하게 계속해서 조립된다. 물질은 튼튼하게 품위있는 수정의 결정(結晶)이나 기하학 무늬가 들어 있는 눈의 결정(結晶)에서 더욱 발달을 보였다. 그리고 이 지구의 혹성위에서는 마침내 물질의 조직화는 인류라는 형태로까지 발전을 보인 것이다. 게다가 우주의 시간 척도로는 짧은(短) 순간이라고도 할 수 있는 수천년 간의 인류 문명에 의해 지금 자신의 성질, 기원, 숙명에 대해 숙고할 수 있게까지 된 것이다.

### 오파린의 학설

1936년에 A·I·오파린은 비생명체에서 생명체로의 변이에 대한 생각을 저술하여 출판했다. 그 당시 자연발생론은 당연히 다루어야 할 과학자 집단에서는 그다지 상대로써 대우 받지 못하고 있었다. 그러나 오파린은 특별히 부당하게 그 일을 내세웠던 것은 아니었다.

지구의 초기 대기(大氣)는 오늘날 포함되어 있는 산소나 이산화탄소를 거의, 또는 전혀 포함하지 않고 있었다──그런 학설을 오파린은 세웠다. 이들 물질은 이차적인 산물이라는 것을 제안했던 것이다. 오파린에 의하면, 지구의 초기, 비교적 안정된 대기의 조성은 수소가스·수증기·메탄·암모니아였을 것임에 틀림없다라는 것이다. 드디어 제창된 뒤 2,3년이 지나자 그의 대기 모델은 널리 인정받게 되었다.

오파린의 학설로는 다음과 같이 된다. 후에 대양(大洋)이 형성됨에 따라 이들 대기의 화합물이 자연히 분해되고 상호 작용하여 단순한 일종의 '유기물 스프'가 생기는 것이 기대되는 것이다.

### 미러에 의한 실험—오파린은 옳았다

오파린의 생각은 S·L·미러가 출현하기까지 거의 주의를 끌지 못했다.

1953년 미러는 메탄, 암모니아, 수소, 수증기의 혼합 기체를 전기 방전중을 통해 여과기 위로 끌어 올렸다. 미러는 이 단순한 실험을 충분히 주의를 기울여 실시하고 오파린이 그린 초기 지구의 조건을 재현하려 하고 있었던 것이다.

미러는 당시 해롤드 유리의 학생이었다. 유리의 생각은 이 장 주제 사항에 영향을 미치고 있다. 유리는 오파린과는 독립적으로 지구의 초기 대기에 관한 거의 같은 결론을 믿고 있었다. 태양계의 기원에 대해 독자적인 생각을 기초한 유리는 오파린이 생각한 원시 스프와 그 성분이란 본질적으로 바른 것이라는 결론을 내렸다.

미러는 이 혼합 기체를 살균하여 환원시키려고 해 두었다. 그리하여 2, 3일 그대로 방치해 두었던 것이다. 그리고 그 결과 생긴 것에 의해 십수년 간 방치되어 있던 오파린의 가설은 확증된 것이다. 1953년, 이 미러에 의한 간단한 실험 결과, 돌연 자연발생이라는 것이 각광을 받게 된 것이다.

지상의 생명이 해저의 진흙에서 처음으로 생겨났다는 그리이스 시대의 아나크시먼드로스에 의한 고찰에서 S·L미러의 실험에 이르기까지의 길은 개념의 점에서는 아주 짧은 수보에 지나지 않는 것이라고 생각된다. 그러나 인류는 중세 암흑의 역류 속에서 소용돌이쳐 흘러나와 겨우 처음으로 짧은 몇 발을 내디딘 것이다. 게다가 그런 걸음이 모두 바른 방향으로 전진했다고는 단정할 수 없다.

### 많은 시행착오가 있었다

예를 들면 17세기 벨기인 생리학자 잔 반 헤르온토는 그 저명한 분석에서 다음과 같은 결론을 내렸다. 쥐도 밀가루 포대에서 자연 발생 시킬 수 있다. 다음에는 1828년의 일로프레드리히 베타는 우연히 뇨소(尿素)가 실험실에서 합성될 수 있다는 것을 발표했다. 이번에는 바른 방향으로 전진한, 행운의 한 발자욱이었던 것이다. 그러나 베타의 동료 유수스 폰 리비히는 그 의미를 너무나도 멋대로 해석했다. '생명은 탄소와 마찬가지로 개시한 일이 특별히 있는 것은 아니다'라고.

금세기 초에는 다른 한 발자욱이——실은 다시 잘못된 방향으로 갔던 것이다——스반테 아레니우스에 의해 이루어졌다. 아레니우스는 초기에 노벨화학상을 수상한 사람 중 한 사람이다. 그는 포자(胞子)나 무서운 세균도 광선의 압력에 의해 성간 공간을 건너온다고 가정했다. 아레니우스의 생각은 펜스페르미아설(범종설)로써 널리 알려지게 되었던 것이다. 그것은 정상 상태의 우주론과 같은 시험이나 뛰어넘기 어려운 것을 넘는데 있어서 그 상대가 존재하지 않는다고 해서 피해 지나갔던 것이다. 아레니우스의 생각은 흥미있는 것이었다. 그러나 그것은 잘못된 것이었던 것이다.

### 미러의 성공

이렇게 해서 스탠레이 미러에게 있어서는 다행스러운 사태가 된 것이다. 그렇다고 그의 대담함이 환영을 받았던 것은 아니다. 그러나 그는 자신이 취한 길이야말로 정해(正解)가 있다는

것을 나타냈다. 미러는 모의(模擬) 대기를 레토루트 바닥의 물로 재현한 모의 바다와 섞어 보였다. 그러면 피를 연상시키는 적색의 '원시 스프'가 되었다. 그 중에는 유기화합물이라고 생각되는 것이 상당량 함유되어 있었던 것이다.

여러가지 성분을 분석하는 것은 매우 매력적인 일이었다. 그러므로 미러가 복잡한 성분을 하나 하나 정성을 다해 분석해 감에 따라 어느 정도의 기대에 만족된 기분이 되었을지 상상이 가는 바이다. 그의 분석 결과 초산, 뇨산 그리고 두 종류의 아미노산(그 중에는 아라닌도 좌선성, 우선성 모두 등량으로 함유되어 있었다), 또 몇 종류인가의 다른 유기화합물이 있다는 것을 나타냈다.

그 실험 사실은 큰 의미를 갖는 것이다. 화학자 미러는 적당한 성분을 단 한 곳에 모으고 다소 합리적인 조건을 설치했을 뿐이다. 그러면 성분 자체가 자동적으로 함께 결합되어 설명에 있어서 기본적인 화합물이 되는 것이다.

그 외에도 미러와 마찬가지로 그 외에도 같은 방침으로 시험을 계속하는 사람들이 있었다. 미러의 전기 방전이 좀더 현실적인 자외선으로 교체 되었다. 그리고 지구의 원시 대기 속을 통해 조사되는 태양 광선의 에너지의 유입 메카니즘을 잘 재현했던 것이다. 모델 기체의 성분비도 변하여 행해졌다.

만일 산소를 주지 않으면 그 결과는 광범위한 상황에 걸쳐 한결같이 잘 되어갔다. 즉, 오파린이 추측했던 것처럼 산소는 제 이차적인 산물이고 후에 대기 중에 첨가된 것이어야 한다. 아마도 드디어 광합성을 하는 살아 있는 생물——즉 식물 생명——으로 진화된 단계에서 발생했을 것이다. 이 식물 생명은 곧 지표의 많은 부분을 덮게 되었다.

## 단백질의 합성

미러의 기념할 만한 발견이 있은 후 2, 3년 이내에 아미노산을 몇 종류인가 결합하여 간단한 단백질이 합성되었다. 즉 생명의 구조 물질이 합성되었던 것이다. 후에는 짧은 쇠사슬상 결합 DNA나 RNA가 적절한 조건하에서 단순히 적당한 성분을 함께 하는 것 정도로 조립되었다.

그리고 또 미러는 최초의 발견 이후에서 거의 10년만에 그의 실험실에서 바이러스를 만들어 낼 수 있었다. 바이러스라는 것은 표면을 단백질로 덮은 DNA 분자 또는 RNA 분자로, 부정형(不定形)을 취하고 있고 자기 자신을 복제할 수 있다. 이 살아 있는 생물과 비슷한 것은 생명과 비생명을 연결하는 선——그리고 그 선이 어디에 속하는지 구별할 수 없다——위의 그 어떤 끝에 위치하는 것이다. 이것은 1965년에 S·슈피게르만 일파가 최초로 발생시켰던 것이다. 슈피게르만은 자연계의 바이러스에서 그 성분을 추출했다. 그리고 그것을 다수가 살고 있는 세균 속에 넣었다. 그러자 마치 괴물의 탄생 때처럼 이 투입된 물질은 실로 스스로 모여져 새로운 바이러스를 형성했다. 그리고 모든 점에서 자연계의 것과 마찬가지로 활동하는 것이 가능했던 것이다. 생명은 또 시험관에서 만들어지는 것과는 거리가 먼 것이었다. 그러나 물질이 스스로 모이려는 경향이나 그것이 생명이라는 것을 형성하는 고유의 능력이 명확하게 나타났던 것이다.

### 자연 발생은 이미 의심의 여지가 없는 개념이 되었다

자연 발생에 대한 최초 단계의 업적은 이와 같은 모습이다. 인류는 생명있는 물질을 제재로 하여 자신이 바르다고 느끼는 처방에 따르면서 거의 맹목적으로 시험하고 있는 것이다. 노벨상 수상자인 생화학자 메르딘 캘빈은 고도의 생명 구조 합성을 포함하는 실험에 대해 다음과 같이 말하고 있다. '일상 생활

에 나타나는 생명 현상——그것을 만들어 내는데 필요한 정보조차도 구성 요소의 원자의 전기적 구조와, 또 그 전기적 상호작용 결과 생기는 분자 구조 속에 포함되는 것이다.' 자연 구성 요소인 원소는 모두 비슷한 것으로 항상 상호작용하고 있다. 그러나 그것은 그야말로 본능에 따라 집결되고, 생명이 있는 것을 형성하려는 것이라고 생각할 수 있는 것이다.

 현실적으로 지구 이외의 장소가 있어서 이와같은 자연 현상이 일어났는가 하는 의문은 이미 분명하다. 그것은 마치 우주의 도처에 있는 나트륨과 염소가 결합되어 식염이 될까 하는 의문과 아무런 차이가 없는 것이다. 적어도 이것이 우리들 안에 내재하는 인간이 보는 견해인 것이다.

## 우주에는 태양계가 무수히 있다

별 빛의 스펙트로에서부터 교묘한 해석 방법으로 그 질량, 온도, 성분, 회전율 등을 알 수 있다. 이 스펙트로 해석에 의해 분명해진 것은 새로운 세대——이것을 '분포 I'라고 한다——에 속하는 별은 대부분 태양과 아주 비슷하다는 것이다. 특히 흥미있는 것은 태양과 비슷한 별이 당연히 여분의 각 운동량을 태양과 마찬가지로 개방했을 것이라는 것이다. 그런 별도 또 현재 천천히 자전하고 있다. 아마도 태양과 마찬가지로 우주의 생성과정에서 각 운동을 개방하여 온 공통 방법으로 혹성계를 만들고 있는 것이 될 것이다.

그러나 혹성계의 전개를 직접 보아 확인하는 것은 불가능하다. 오늘날의 기술로도 아주 가까운 별조차 그 표면을 볼 수는 없다. 그들은 매우 먼 곳에 있으므로, 그것이 비록 직경 100만 킬로미터나 되는 원반형이라고 해도 기하학적으로는 큰 제로점이라고 생각할 수 있다. 최대의 망원경을 사용해도 기하학적인 원점(遠點)을 나타낼 수 있는 상(像) 밖에는 얻을 수가 없다. 중심에 있는 별 주위에서 빛이 반사되어 희미하게 빛나고 있는 혹성은 좀더 작아 광학적으로 인식할 수 없다는 것이 명백하다. 그러나 비교적 근거리에 있는 별에 대해서는 상당한 노력의 결과, 무거운 혹성이 존재하고 있을 경우에는 그 존재를 직접 확인하는 것이 가능하다.

모든 별에는 그 어떤 고유 운동이 있다(예를 들면 태양은 그 근방의 항성(恒星)에 대해 매초 19킬로미터의 속도로 상대 운동을 하고 있다).만일 항성에 그런 혹성이 부수되어 있으면 항성을 흔들어 그 운동 경로를 혼란시킬 것이다. 그 효과는 마치 개목걸이 끝에 개가 묶여 있는 경우와 아주 비슷하다. 원래 그 정도로 엉터리 운동을 하고 있는 것은 아니지만 개목걸이를 강하게 당겼을 때에만 주인의 느린 걸음을 방해하게 되는 것이다. 이런 무거운 혹성의 존재를 나타내는 사진 촬영에 작은 예이지만 최근 성공했다.

그러나 이렇게 해서 검지할 수 있는 혹성은 매우 무겁기 때문에, 적어도 우리들이 알고 있는 것과 같은 생명을 탄생시킬 수 있는 조건을 갖추고 있는 것은 아니다. 그러나 관측 성공에 의해 혹성계가 보편적으로 존재한다는 것이 확증되었던 것이다.

얻을 수 있는 정보는 모두 전에 개요에서 나타내듯 별 진화의 최종 단계가 보편적인 일반성을 갖고 있다는 것을 나타내고 있다. 혹성계는 별이 안정되기 위한 최종적인 중요한 단계의 하나인 것 같이 여겨진다.

### 생명은 우주 도처에서 출현하고 있다

이렇게 해서 우주 도처에 이 태양계와 같은 조건이 존재하는 것이다. 그 성분도 또 도처에 마찬가지로,물리적 법칙도 그러한 것이다. 그러므로 자연에 다음과 같은 결론에 도달하지 않을 수 없는 것이다. 생명은 필연적으로 우주 도처에서 생겨나지 않으면 안된다. 게다가 우주 여러 장소에서 몇 번이고 일어나지 않으면 안되는 것이다.

그리고 혹성의 존재에 대해 관측한 데이타를 충분히 이용하여 혹성이 우주 도처에서 존재하고 있다고 한다. 우주에는 아마도 $10^{20}$(100,000,000,000,000,000,000) 개의 혹성계가 있고, 우리들의 은하계에만 $10^{11}$(100,000,000,000) 개의 혹성계가 있다는 것에서 부터 의론을 개시한다.

간단히 하기 위해 하나의 혹성계에는 하나의 혹성밖에 없다고 하자(우리들이 취급하려 하고 있는 천문학상의 양에는 10이나 20의 차이가 있다고 해도 문제는 없다). 여기에서 조심스럽게 평가하여 1000개의 혹성 중 1개만이 자연 발생에 어울리는 온도라고 한다. 우주 도처에서 그렇게 되어 있다면 $10^{17}$(100,000,000,000,000,000) 개의 혹성에 한정되는 것이 된다. 또 질량으로 생각하여 이들 중 1000개 중의 혹성이 적절한 대기를 보지하는 데 어울린다고 한다. 그러면 생명을 발생시키는데 족한 혹성은 $10^{14}$(100,000,000,000,000) 개가 되는 것이다. 추론은 이와같이 해서 실시되어 간다.

처음 우주에는 $10^{20}$개의 별——만일 의론을 지구의 '근접 지방'으로만 한정시킨다면 이 은하계에는 $10^{11}$개의 별——이 있었던 것이다. 그것이 생명의 출현을 결정하는 조건을 계속해서 부과시키는 것에 의해 차차 계속해서 줄어든다. 추론을 거듭해서 검토할수록 더더욱 줄어간다. 지금 행한 두 개의 고찰에 의해 생명이 있을지도 모른다는 가망에 대해서는 100만 개의 별 중 하나라는 비율로 되어 있었던 것이다. 우리 개인으로서는 이것

수태(受胎)를 알림

생명이 탄생할 가능성이 있는 별은……

은 지나치게 줄어든다고까지 생각되고 있다. 적당한 성분과 합리적인 온도·압력을 주고, 우주의 척도로 보아 조금 시간을 두면 반드시 생명은 개시되게 될 것이다. 매우 구태의연한 생각의 사람조차도 생명이 한 번 개시되면 적응을 반복하여 계속해서 전진한다는 것을 인정하지 않을 수 없는 것이다. 어디까지 전진할 것인가만이 문제인 것이다.

### 과연 호모 사피엔스의 지능은?

앞으로 최종적으로 해야 할 추론은 쇼킹한 일처럼 생각된다. 지능의 좋고 나쁨은 사람들 사이에 어떻게 분포되는지, 또는 키의 크기는 어떤지 등을 논한다. 그때는 매우 유효한 취급법이 있다. 즉 19세기 수학자 겸 물리학자 컬 프레드리히 가우스가 만들어낸 확률 곡선을 충분히 이용할 수 있는 것이다.

그럼 가우스 곡선 또는 정규 곡선(확률 곡선)—'벨형' 곡선이라고도 불리운다—을 생각해 보자. 우주 속의 혹성을 다루어, 그 대표적인 것에 대해 그 어떤 '우주 IQ(지능지수) 테스트'를 했다고 하자. 그때 가우스 곡선이 측정한 지능지수 분포를 나타내려 한다.

가우스 곡선의 왼쪽은 평평하게 낮은 영역을 형성하고 있다. 이것은 아메바와 같은 두뇌 운동을 할 뿐인 먼 별의 동포를 나타낸다. 맨 가운데를 향해가면 더 넓은 벨 형곡선 부분이 나타나는데 여기에는 우주 주인의 대부분을 볼 수 있게 된다. 그리고 마지막으로 오른쪽 끝 부분은…… 이 부근에는 곧 다시 돌아올

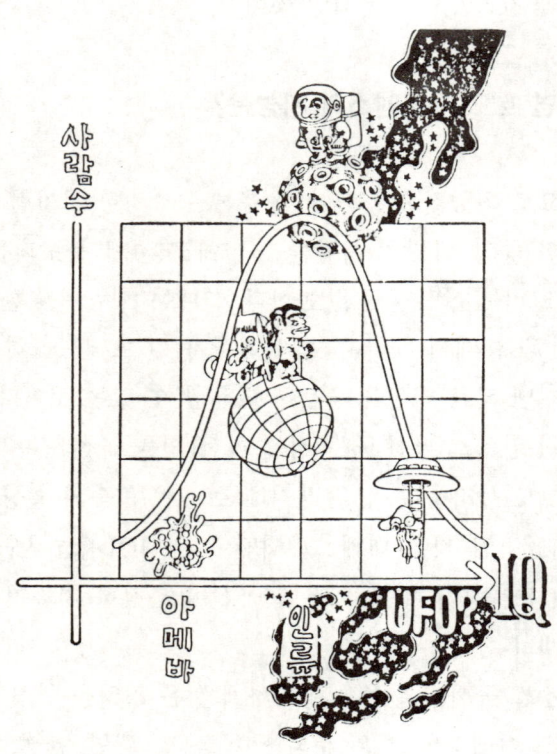

우주 IQ 테스트의 가우스 곡선

것이다.

그럼 당신쪽이 눈을 가리고 있다고 상상해 보자. '인류'라고 쓴 종이를 고르는 것이다. '인류(호모사피엔스)'라고 쓰여진 종이에 압핀이 차이가 난다고 한다. 여러 번 룰에 따른 회전 후, 손을 내밀면서 슬슬 그래프 쪽으로 간다. 그리하여 압핀을 멈추게 한다.

그 곡선의 어느 부분에 '호모사피엔스' 즉 '인간──그 지혜있는 자'라는 이름표가 붙을 것인가?

어딘가 중앙 부분이 될 가능성이 클 것이다. 이 인류는 우주라는 큰 틀 속에서 무조작적으로 집어 낸 표본같은 것이다. 바로 이런 확률적인 지론에 의해 누군가가 본 것과는 전혀 관계없이 이상의 사실을 추측할 수 있는 것이다. 가우스 곡선에 의한 견해는 의미를 갖는 것이다.

**진화의 최종 목적은 지능있는 생물을 창조하는 것이었을 것이다**

우주 속에 흩어져 있는 헤아릴 수 없을 정도로 많은 혹성 중에는 지구 외에도 문명이 반드시 있을 것임에 틀림없다. 몇백년이라는 우주 조화에 있어서는 필연적으로 그렇게 될 것이다. 이것은 의문의 여지가 없다. 실제로 그중에는 우리들 지구의 것보다도 진전되어 있는 몇천년, 몇백만년 아니 몇억년이나 되는 혹성이 있을지도 모른다. 다른 혹성에도 문명이나 기술이 존재하는 것이 있어서 어떤 것은 늦고, 어떤 것은 지구와 같은 정도, 또 어떤 것은 진전되어 있기도 하다.——이렇게 생각하는 것은 당연한 것으로 매우 흥미있는 일이다. 문명 기술은 의심의 여지없이 존재하고 있다. 그리고 그 고등 문명의 소유자가 다른 우주 동료에게 흥미를 갖지 않는다고는 도저히 생각할 수 없는 것이다.

재학이 뛰어나던 소비에트 연방 천문학자 I·S 슈코로프스키는 그 가정——지구 외에 지능이나 문명이 널리 존재하고 있다는 것——을 더 강조하고 있다. 슈코로프스키에 의하면 '물질 문명은 몇십억이라는 생물학상의 진화를 거친 후 물질 문명은 필연적으로 출현된다. 그렇게 가정한다면 항성이나 혹성 생성에 있어서 궁극적인 목적 또는 종착역이라는 것은 지능있는 생물을 만들어내는 물질 문명을 흥하게 하는 것이다. 그야말로 이상주의적·목적론적인 견해와 일치하고 있다'라는 것이다.

슈코로프스키의 결론에 의해 목적과 이상에 관해 인류의 개념이 그야말로 우주 척도로 본 자연의 조화와 관련을 맺게 된다. 슈코로프스키의 생각에 의해 과학자의 생각이 자연스럽고 어렵지 않게 유도되기에 이른 것이다. 즉, 돌고 돌아 아우구스티누스와 같은 사람들 사이에 있었던 불행한 생각——목적론——에 도달하는 것이다.

## 제5장

# 오차원 우주의 존재

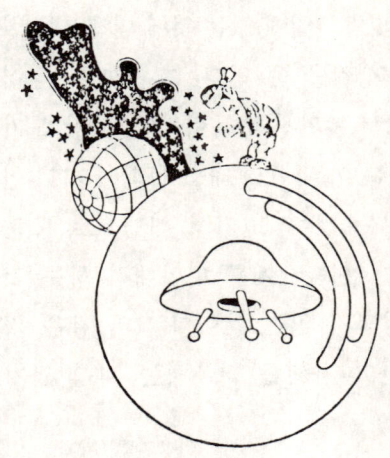

자연 과학의 방법을 사용할 때 합리주의와 비합리주의가 기묘하게 섞여 있는것을 발견했다. 그 취급 범위내에 있는 것에 대해서는 실로 합리적인 생각을 해 간다. 그 한계를 넘어선 것에 대해서는 완전히 독립적인, 확장 불가능한 경우에는 이 과학의 태도에 의해 거부 현상이 일어나는 것이다. 기성 개념으로 충분히 표현할 수 없는 세계를 나타내려 하는 것은 모두 인정되지 않는 것이다. 이와 같은 거부 현상은 사고 자체를 거부하는 것이 되기도 한다.

——알프레드 노스 화이트헤드(1861년~1947년)

## 드디어 UFO 관측을 과학적으로 해석해 본다

　오랫동안 지구 외의 생물과 그 어떤 접촉이라는 것이 있었을 것이라는 것을 앞장에서 살펴보았다. 제3장에서는 그런 일이 이미 구체적으로 실현되고 있다는 것을 가정했다. 즉 UFO에 대한 저술 문헌 중에 종종 '지구 외 문명의 가설'이라고 불리우는 것을 가정했던 것이다. 이 장에서는 이 가정을 물리학의 기본 법칙과 양립시키려고 할 경우의 곤란(오히려 그 불가능성이라고 말하는 편이 좋을 것이다)을 간결하게 음미한다. 다음으로 UFO의 관측 사실 중에서 매우 이상하다고 생각되는 것——그 몇 가지에 눈을 돌려보자. 그렇게 하면 우리들이 필요로 하는 열쇠를 잡을 수 있을지도 모른다.
　독자 여러분은 벌써 알아차렸을 것이다. 프톨레마이오스적, 천동설적인 과대망상적 생각은 많은 현대 문화를 덮고 있다. 그러므로 충분히 주의하여 그 생각 앞을 지나가야 하는 것이다. 그리고 바로 경이로운 가치가 있는 결론에 도달한다.

## 달 세계까지의 거리는 자동차로도 갈 수 있다

　달——그것은 우리들의 지구와 가장 가까운 천체이고 인류가 간 적이 있는 유일한 별이기도 하다. 그것은 지구에서 40만킬로미터 되는 거리에 있다. 손질이 잘 되어 있는 자동차라면 하나나 두 개 엔진을 교환하면 그 정도의 거리는 완주할 수 있다. 즉 달세계 여행에서는 달의 거리 자체는 그다지 중요하지 않다.

자동차로 별에 간다.

태양은 약 1억 5000만 킬로미터의 거리에 있다. 태양계 중에서 우리들에게 가장 흥미깊은 혹성인 화성은 가장 근접되었을 때 5600만 킬로미터로 가까워진다. 그러나 태양을 끼고 반대쪽으로 갔을 때는 3억 9000만 킬로미터나 된다. 아무튼 이 정도의 거리를 여행하기 위해서는 자동차 엔진을 바꾸는 것 이상의 기술이 필요할 것이다.

### 태양계를 자동차로 달릴 수는 없다

그러나 태양계를 떠나기 위해서는 생각을 완전히 새로이 가져야 한다. 보통 볼트나 넛트로 되어 있는 물질은 결코 도움이 되지 않을 것이다. 가장 가까운 항성까지의 거리조차도 놀라운 거리이다. 그곳에 로켓트로 가려 하는 것은 낡은 차로 달세계 여행을 하려는 것과 마찬가지로, 그것은 도저히 무리이다. 가장 가까운 별까지는 약 40조 ($4.0 \times 10^{13}$) 킬로미터이다. 이것은 달까지의 거리 1억배 정도라고 하는 편이 이해하기 쉬울 것이다. 그런 먼 거리는 천문학자가 사용하는 광년(光年)이라는 단위로 나타내는 것이 편리하다. 이 엄청난 거리를 나타내는 광년(光年)이라는 단위는 빛이 1년간 걸쳐 전진하는 거리로, 약 $9.45 \times 10^{12}$ 킬로미터를 의미한다. 그러므로 좀더 가까운 별까지는 약 4.2 광년이 되는 것이다. 따라서 그 거리에 의해 우주 공간을 측정함에 따라 거리의 멀기는 광년으로 나타낸다고 해도 급격히 팽대해져 간다.

예를 들어보자. 은하수는 직경이 10만 광년이나 된다. 또 우주

고유의 개념으로 눈을 돌려보면 우리들의 은하——은하수——
에 가장 가까운 안드로메다 성운이 있다. 거기까지는 이 거대한
단위로 추정해도 200만 광년 이상이 되는 것이다. 더욱 놀라운
우주 넓이를 나타내는 숫자를 계속해서 들 수는 있지만, 요컨대
말하고 싶은 것은 이제 알았을 것이다. 우리들은 우주 탐험으로
서는 이제 막 발을 내디딘 것이다. 분명히 자랑스러워 할 만한
시작이며 그야말로 가치있는 계획이다. 그러나 인간이 라이트
형제의 비행에 의해 공간을 정복했다라고 말하는 것은 좀 과장
된 말인 것이다

### 인류는 행성간 공간을 여행할 수 있을까

인류가 별과 별 사이의 공간(성간 공간)을 여행할 수 있게
될지도 모른다고 지지하는 의론에는 다음과 같은 것이 많이
있다. 즉, 그와 같은 거대한 거리의 저쪽에 도달하기 위해서는
매우 빠르게 여행하면 좋을 것이다. 빛에 매우 가까운 속도로
이동하면 여행자에게 있어서는 여행에 필요한 시간은 그다지
길지 않을 것이다. 이 말은 그 정도의 속도로 여행하면 시간의
지연 효과라는 것이 따르는 것이다. 이것은 제1장에서 말한
대로이다.

### 거대한 스피드 때문에 오히려 좋지 않은 상황이 일어나는 것이다

제5장 / 오차원 우주의 존재   171

 물리학을 구석구석까지 조사해 보면 더욱 낙담할 만한 일이 일어난다. 우주 여행을 마음 속으로 그리고 있는 사람이 미처 생각지 못한 문제가 있는 것이다. 물론 상대론에 근거를 두는 것이다.
 시간을 잘 늦춰주는 로렌츠 수축 인자가 동시에 또 우주선과 탑재물과의 질량도 증가시킨다는 것을 생각해야 한다. 따라서 수정된 뉴우톤의 제2법칙에 의해 우주선의 추진계에 더더욱 부담을 가하게 된다. 질량이 크면 클수록 가속에 요하는 힘은 큰 것이다. 상대론적인 시간 지연이 분명히 일어나고 있는 이 점에 있어서, 동시에 강력한 로켓트라고 해도 슬프게도 도움이

되지 않는 것이 되기 시작하는 것이다. 연료를 먹으므로 짐을 가볍게 하는 것은 보통 로켓트 실험으로는 대단한 전진이다. 그러나 상대론적인 로켓트에서는 모두 곧 효과가 없어진다. 즉 우주선과 연료와의 관성 질량 증가에 의해 어쩔 수 없이 그렇게 되는 것이다. 이 딜레마에서 벗어날 방법은 없는 것이다. 어떤 때는 시각을 잘 다루기 위해 상대론을 사용하지만 다음에 질량에 대한 영향을 생각할 때는 그렇게 해서는 안된다. 먼 곳으로 여행하기 위해서는 시간의 지연을 일으킬 정도로 빠른 스피드가 요구된다. 그러나 이 초상대론적(超相對論) 스피드가 바로 강력한 로켓트로의 우주 여행을 바보같은 이야기로 만들어 버릴 정도의 연료를 필요로 하는 원인이 되는 것이다. 나중에 다시 그 원점으로 돌아가 예시해 보기로 하겠다.

   여기에서 우선 충분한 시간 지연을 일으킬 정도의 속도를 얻을 수 있다면 우주 여행은 전혀 의미없는 것이 된다는 것을 간단히 강조하고 싶다. 자신의 생명에 가치를 두는 생물이라면 어떤 것이든 지루한 여행에 가치를 인정하지는 않을 것이다. 몇세기, 아니 몇천년 간 생명을 마비 상태에서 냉동 상태로 하여 모든 계획이나 목적을 버리고 광대하고 단조로운 침묵의 세계로 전진해 가는 것이다. 이렇게 하여 대체 누가 어떤 운명이 기다리고 있고, 어디로 갔는지 알 수 있을까? 이런 여행의 유혹을 받아 자신의 목적지에 도착했을 때 유의의한 가치를 느낄 정도로 바보인 사람은 없을 것이다.

## 물질──반물질 소멸 엔진의 로켓트

광범위한 우주 여행을 할 때 연료 문제를 어떻게 생각하는 것이 좋을지 명확한 모습으로 제시한 것이 천문학자 에드워드 퍼셀이다. 그는 기술적으로 완전 무결한 것이란 어떤 형일까를 생각했다. 퍼셀의 주장에 의하면 물질——반물질 소멸 로켓트는 좀더 효율 좋은 여행 수단의 하나이다. 어디에서 반물질을 발견하느냐, 어떻게 해서 쌓느냐 등은 문제 외로 한다(물질과 반물질이 접촉되면 서로 소멸하고 감마선의 방사라는 형으로 최대의 에너지를 남긴다. '중간자'라고 불리우는, 수명이 짧은 입자도 또 조금 생성된다. 이들은 곧 붕괴되어 감마선이나 전자, 양자 등을 방출한다). 이렇게 해서 약 12광년의 근거리에 있는 별을 향해 최대 속도가 빛의 속도 99퍼센트에 달하는 우주선으로, 적하물은 10톤까지 우주 여행을 하는 것이다. 이 속도라면 우주선을 타고 있는 사람이 10년, 지구상의 사람으로는 28년의 세월이 필요하다. 그리고 퍼셀이 나타내는 바로는 이 여행을 하는데는 최저 40만톤의 연료가 필요하다. 20만톤은 물질이고 나머지 20만톤은 바로 반물질이라는 것이다. 그리고 그것은 단순하지 않은 것이다.

### 공학상의 문제점

공학상의 고민도 있다. 이 경이적인 사실에 의해 창출되는 강도의 방사능으로부터 승무원을 지킬 연구를 해야 하는 것이다. 게다가 짐은 10톤까지이다. 우주선의 중량 모두를 방호재를 위해 쓸 수는 없다. 마술과 같은 방법이어야 하는 것이다. 아마도 납으로 만들어진 우주복을 만드는 것이 좋을 것이다. 납은 두꺼우면 두꺼울수록 좋다.

 방사선 방호 문제를 떠나도 검토를 하면 곧 대단히 곤란한 다른 문제에 직면하게 된다. 엔지니어가 달성하려 하는 완전 연소 추진 기구인 로켓트 분출구에서 나오는 감마선은 엄청나게 강력한 것이다. 태양 가시광선보다 훨씬 강대한 에너지를 지표에 뿌려 인류를 확실하게 죽음에 이르게 할 수 있다. 즉 반물질의 저장이 완전하여 초기 단계에서 새는 것을 막는다면— 우주선이 쏘아 올려지기 전에도 하나의 혹성을 파괴할 정도의 폭발 위험이 항상 존재하고 있으나 이것을 피할 수 있다 해도

―쏘아 올려질 때는 우주선 밖의 사람은 모두 반드시 계란 후라이가 되는 것이다.―이런 성간 공간을 여행하기 위해 사람들은 오로지 목적을 향해 전진하고, 오로지 공부를 해야 하는 것이다.

마르크스와 사강은 또 다른 실용적인 기획을 이것저것 상상하여 숙고했다. 두 사람의 결론은 생각할 수 있는 한의 기획은 모두 다소나마 같은 불가능한 일이 있다는 것이다. 우리들도 그들과 같은 의견이 되지 않을 수 없는 것이다.

그러나 보편적인 물리법칙을 충분히 이용하고 통찰하여 그 결과 취기가 깨는 일이 있었다고 해서 생각하는 일을 그만둘 수는 없다. 그 불가능한 일은 어떤 수단·방법으로 행해졌을 것이다. 그리고 어딘가 먼 별을 향해 인류 공학의 틀을 모은 것이 싼 값의 샴페인을 쌓고 두리번거리며 여행을 했다고 하자. 그러면 곧 다른 중대한 문제가 발생하는 것이다.

### 아마 우주여행은 절망이 될 것 같다

우주선은 우선 지구의 자장과 대기에 의해 이중으로 보호된 장소를 벗어나 버리는 것이다. 그러면 곧 승무원은 우주선과의 싸움을 시작해야 한다. 이 투과력의 강도, 큰 에너지를 지닌 입자―빛의 속도에 가까운 스피드로 교환되고 있는 원자핵―를 계속해서 쌓으면 승무원의 건강을 해치게 된다. 게다가 결코 치료할 수 없는 레벨―즉 인류를 구성하는 원자중에 원자핵 레벨―로 파괴되는 것이다.

그리고 또 여행자가 상대론적인 속도로 여행하기 위해 앞에서 서술한 성간 공간 중 기체가 우주선 중의 원자핵과 같은 작용을 하게 된다(상대적인 운동을 생각하면 기체가 대단한 스피드로 우주선을 뚫을 수 있게 된다). 우주 여행자는 거의 빛의 속도로 움직이고 있으므로 거의 움직임이 없는 기체의 원자를 대단한 힘으로 두드리게 될 것이다. 이 때문에 기체 원자 자체가 우주선과 같은 작용을 하는 것이다. 이 기체는 희박하지만 진정한 우주선의 분포보다 더 높은 농도로 공간에 분포되고 있다. 이와같이 기체입자는 통상의 경우에는 에너지가 적어도 강력한 힘을 갖고 나타나는 것이다. 감마선도 우주선도 잘 방출할 수 있다고 인정해도 이번에는 또 방호재의 중량에 대한 요구가 일어나는 것이다. 아마도 좀더 용이한 해결책은 다음과 같은 타협 수단이다. 즉, 방사선을 쏘이는 양을 조금 완만하게 하면 우주선의 적하량 제한도 완화되는 것이다. 이렇게 하여 먼 공간으로 가기 위해서는 근면만이 아니고 완강한 체력이어야 하는 것이다.

### 우주 여행은 절망적인데 UFO가 날아온 것이다

이제까지의 사항을 정리하면 다음과 같은 사태에 도달한다. 즉 제3장의 휴머노이드가 현실적으로 이 지상에 존재한다고 해 보자. 그러면 그들은 우리들의 상상 이상으로 우주 개발에 열심이었거나, 또는 우리들의 지식에 없는 무엇인가를 알고 있거나 그 어느 쪽이다. 나는 후자 쪽에 승부를 건다.

UFO 문제에 대해서 과학자는 확실히 현대 물리학의 이론

제5장 / 오차원 우주의 존재  177

정신장해의 표를 붙일까, 자기 자신의 생각을 바꿀까?

과, 그와는 반대되는 관측 사실 사이에 있어서 그 어느 쪽을 선택할 입장에 쫓기고 있다. 이것은 이미 역사적으로도 널리 알려져 있는 일이다. 이 경우, 과학자는 다음 어느 한 쪽의 입장을 취하지 않을 수 없는 것이다. 하나는, 과학상 당혹스러운, 특이한 관측을 보고하는 사람들에게 다른 일에서는 합리적인 사람이라도 몇천명이라는 단위로 정신 장해 딱지를 붙이는 것이다. 또 하나는 그 관측을 받아들이는 과학자 자신의 사고방식으로 그 어떤 새로운 것을 받아들이는 것이다. 후자의 입장을 취하기 위해서는 이렇게 생각해야 한다. 즉, 시공(時空)에는 매우 기본적인 성질이 있고, 그 기본적인 성질은 현재 과학의 형식에 따라 생각해도 발견할 수 없다는 것을 인정하지 않을 수 없는 것이다.

### UFO를 인정해 보자, 그러면……

필연적인 결과로서는 그다지 놀라운 것이 아니다. 지능있는 생물이 우주 한 모퉁이에 도달하는 것에 의해 많은 새로운 혁명적인 물질의 견해가 생긴다는 것은 충분히 기대된다. 단, 곤란한 일은 이렇게 해서 큰 알약을 꿀떡 삼키면 새로운 현상이나 새로운 성질이 나타나 우리들 간담을 서늘하게 하는 것이다. 그리고 도저히 믿을 수 없는 느낌이 들게 되고 부정할 방법이 없나 찾기 시작할 것이다.

제3장에 있어서 그런 데이타를 발췌해 볼 생각을 했다. 즉 관찰되는 것은 모두 인간의 형을 하고 있다고 하는 것이다. 이

장에서는 다른 매우 중요한 점에 착안하고 있다. 즉, 현대 물리학의 관점에서 UFO의 현상을 다루는 것이다. UFO가 이 지구에 도달하는 수단, 즉 현대 물리학상의 단계에 의지하지 않는 한 존재하지 않는다.──처음에는 그런 생각을 하지 않을 수 없었던 것이다. 이 생각에서 출발한 것은 처음부터 오늘날의 과학적 생각에 따르는 것에 대해 그 어떤 불만을 갖고 있다는 말이 되는 것이다.

## UFO를 인정하는 것은 유쾌하지 않다

대부분의 경우, 현상 중 불가해한 점, 특이한 점이야말로 그 현상을 마침내 이해할 수 있는 가능성이 숨겨져 있다. 그러나 지적(知的)으로는 불쾌감을 동반한다. 하물며 이 지구상에서 물리학적으로 도달할 방법이 있다고는 생각할 수 없는 생물을 관찰한 것을 합리화하려는 것 등은 더욱 불쾌한 일이다. 그러나 UFO 보고 중에서 인과율과 반대되는 모순에 찬 면──따라서 설명 불가능한 국면──이야말로 좀더 많은 것을 말하는 단서가 된다.

실험실에 있어서 뭔가 인과율에 반하는 일이 일어났을 때는 그것을 한쪽으로 쫓고 모르는 척하는 일은 없다. 적어도 장시간에 걸쳐 무시하는 일은 없는 것이다. 그런 사태를 세심한 주의를 기울여 검토하고 정식화하여 마침내는 현대 과학의 본체 중에 당당하게 받아들인다. 그런 관측 따위 무시할 만한 일이라거나 제정신이 아니라는 말은 하지 않는다.

 그러나 실험실을 떠나 보자. 그러면 불가능한 사항의 보고를 심리 상태가 흐트러진 탓으로만 돌릴 수 없다는 것을 알 수 있다. 거시적인 세계 현상으로 '논리적으로 추론하여 불가능하다'라는 사항은 그렇게 간단하게는 아카데믹한 집단에 들어갈 수 없다. 원자라는 저편의 미시적 세계에서는 그런 일이 일어나는 편이지만 아직 받아들여지지 않았다. 그러므로 UFO 문제에 이제까지 관심을 나타내 온 것은 (비록 가끔 반대 의견을 내는 일이 있었어도) 소수의 사회학자・정신학자・심리학자라는, 물리학자가 아닌——이것은 놀라운 일이 아니다. 그러나 그 어떤 매우 중요한 증거가 UFO의 여러 정보 중에는 존재한다. 이것은

UFO의 수송 문제와도 직접 관련이 있다.

## 심령 현상(心靈現象)과 UFO

스위스의 저명한 정신분석학자 칼 융은 이 증거의 중요성에 대해 처음으로 언급했다. 이것은 많은 UFO 관측에 발견되고 있는, 보기에는 물리학이라고는 상상되지 않는 특이한 현상이다. 이것이야말로 융의 정신 분석 중에서 심령 현상을 나타내는 것이라고 부르고, 엄밀한 의미에서의 심리 현상과 구별하고 있는 것이다. 실제로는 대부분의 경우 심령현상과 심리현상을 구별하는 것은 어려운 일이다. 또 순수의 '물리학의 현상'과도 완전하게 구별하기는 어렵다. 융 자신도 그다지 엄밀하게 이를 구별하고 있지는 않다.

UFO 문제를 철저하게 해명하자. 그 수미일관성(首尾一貫性)을 위해 이 심령현상(심리현상)을 다루어야 한다. 실은 이 필요성은 단순히 수미일관성을 위해서만이 아니다. 좀더 중요한 것에 기초를 두고 있는 것이다. 융이 말하기 시작했듯이 이 현상이야말로 모든 문제를 해결하는 열쇠가 될지도 모르기 때문이다.

그 현상은 관측 물체가 공중 속에 싹 사라지거나 녹는 일이다. 때때로 보고되고 있으나 마치 그 어떤 '스위치가 끊긴 것'과도 같은 일이다. 때로는 비행물체가 곧 사라졌다 다시 나타난다. '스위치를 다시 넣은' 것과 같은 것이다. 그 뒤 조금 지나면 다시 모습이 사라진다. 우리의 친한 친구는 바로 이런 일을 목격했다. 1968년 9월 콜로라도주 바서우드 상공에서의 일이다.

이상한 것은 이 관측만이 아니다. UFO에 관한 서적 중에는 그런 경우가 상당히 많이 나타나고 있다. 그 중에서도 소수의 예는 신뢰도가 매우 높은 증인과 데이타가 제시되고 있어 주목하지 않을 수 없는 것이다.

오래된 전형으로서는 아리조나주 윈슬로 부근에서 생긴 일이다. 1967년 1월 13일 오후 10시 무렵의 일이다. 레이다에도 관측되었고, 또 세 사람의 목격자도 있다. 이하는 J·A· 하이넥의 'UFO와의 조우'에 의한 것이다.

## UFO와의 조우―③

……알바카크 관제탑과 젯트기 파일럿트 사이에 대화가 계속되고 있다. 장소는 아리조나주 윈슬로 부근이다. 젯트기 쪽은 빨간 불이 하나, 최초 10시 방향을 향해 켜졌다 꺼졌다 하고 있다고 했다. 알바카크 관제탑 레이다는 빛이 켜졌을 때 항상 하나의 물체를, '그리고' 꺼졌을 그때는 전혀 그리지 않았던 것이다. 다음으로 그 빛은 수직 방향으로 4개가 되었다. 불은 하나에서 빛이 되는 일을 몇 번이나 반복했다. 마치 최초의 불 아래 세개의 불을 흡입하는 것 같았다. 그리고 관제탑이 젯트기에 물체가 근접해 왔다는 것을 경고했다. 마치 젯트기와 쫓고 쫓는 장난을 하고 있는 것처럼 여겨졌던 것이다. 갑자기 가속되어 가까워지기도 하고 멀어지기도 했다.

약 25분 후 맹렬하게 가속된 물체는 30도 상승각으로 상승하여 10초도 되지 않아서 보이지 않게 되었다. 하이넥이 젯트 파일럿트와 인터뷰를 했을 때 그는 익명으로 해 달라고 부탁했다. 그 파일럿트에 의하면 알바카크의 레이더는 물체가 최후로 가속을 하여 보이지 않게 될 때까지 물체를 그리고 있었던 것이다. 젯트 파일럿트(J)와 알바카크 관제탑(A)와 네셔널 항공의 파일롯트(N)가 무선으로 나눈 대화의 일부분은 이하와 같다. 이에 의해 세 사람의 반응과 태도를 잘 알 수 있다.

A에서 N "귀하의 11시 방향에 뭔가가 보입니까?"
N에서 A "아무것도 보이지 않습니다."
A에서 N "11시 방향에 분명 아무것도 없습니까?"
A에서 N "관제탑과 젯트기의 대화를 들었습니까?"
N에서 A "들었습니다. 지금 그 물체가 나타났습니다. 보이고 있습니다."
A에서 N "그 물체는 무엇을 하고 있는 것처럼 보입니까?"
N에서 A "젯트기의 파일럿트가 있는 것과 같습니다."
A에서 N "UFO라고 생각합니까?"
N에서 A "아니요."
A에서 J "젯트기—그쪽에서는 UFO라고 생각합니까?"
J에서 A "아니요. UFO의 출현이라고는 보고하고 싶지 않습니다."

## UFO와의 조우—④

마찬가지로 유명한 다른 사례가 합중국 남부 및 남서부 상공에서 일어나고 있다. 1957년 7월 17일 오후 4시 10분의 일이다. 매우 성숙된 6명의 항공기 승무원과 다른 장소에 있는 수개의 레이더, 그리고 지상 요원이 포함되어 있다.

전자 계측기(ECM)를 장비한 6명의 사관이 탄 항공기 RB-47은 미확인 비행물체에게 쫓겼다. 항공기가 미시시피에서 루이지에나, 텍사스를 지나 오클라호마를 날아가는 동안 1시간 반에 걸쳐, 거시적으로 보아서는 1000킬로미터 이상이 되는 거리였다. 그 물체는 종종 조종석에서 번뜩이는 광도의 강한 빛으로써 확인할 수 있었다. 그리고 RB-47기 중 ECM 모니터 장치로도 검지되었다. (ECM·승무원의 시각·지상 레이다) 모두에 동시에 출현했다 소멸했다 한 것이다. 또 그 물체의 속도는 공군기의 승무원이 경험한 적이 없을 정도로 빠르다는 것도 흥미를 끌었다.

## UFO와의 조우 ─ ⑤

UFO의 보고는 레이다에 의한 확증을 얻을 수 없는 것이 보통이다. 고전적인 예는 프랑스의 파이론 몬모르 부근, 그랑 뷰슈강에 놓여져 있는 다리 근처에서 일어났다. 1958년 10월 30일 오후 7시 55분 일이다. 쟝 보이어(그가 보고자이다)를 포함한 6명이 목격했다. 이 사건은 바레부 부가 저술한 「과학으로의 도전」에 쓰여져 있다.

제5장 / 오차원 우주의 존재  185

'보이어는 다리에서 6~7백미터 떨어진 곳에 있었다. 그때 철교 위에 분명히 옆으로 긴 그림자가 좌우로 흔들리고 있는 것이 눈에 들어왔다. 그는 스테이션 웨곤에서 내렸다. 이 점은 그 보고의 본질적인 부분이다. 이 말은 증인이 정확한 장소에서 실제 물체를 보았다는 것을 나타내고 있기 때문이다. 그는 완전한 원형(円形) 기체를 보았다. 큰 원 속에 작은 원이 있고 이 작은 원에서 짧은 암적색의 불똥이 났다. 그는 스테이션 웨곤의 헤드 라이트를 때로 켜두었으므로 차로 돌아가 소등을 했다. 차가 있는 곳까지 갔을 때 그 물체는 눈을 뜨지 못할 정도의 강렬한 불빛의 흐름을 냈다. 마그네슘이 탈 때와 비슷

했다. 그리고 눈 깜짝할 사이에 사라졌다. 동시에 강한 기류가 일어났던 것이다.'

**UFO가 사라지는 것을 물리적으로 해명하고 싶었던 것이다**

융의 생각에 따라 우리들도 이 현상을 일종의 '심령현상'이라고 서술할 수도 있다. 그러나 그렇게 하는 것은 태만이고, 실은 우리들이 알고 있는 과학이 그 기술에 대해 적당한 말을 준비해 두고 있지 않은 것이다. UFO의 특유한 것이라고 생각되어지고 있는 것으로는 종종 '반중력(反重力)'이나 '무중력(無重力)'이라고 일컬어지는 성질도 있다. 그리고 실제 물체가 움직이고 있다기보다 오히려 종종 투영된 상이 아닐까라고 생각되는 비행이 있는 것이다. 우리들이 검토한 1957년 7월 17일의 경우 (RB-47 공군기 경우)가 그런 점을 분명하게 나타내고 있다고 생각된다. 파일럿트인 루이스. D. 체이스 소령은 승무원에게 긴급 피난 준비 경고를 했다. 그러나 이것은 불필요하게 되었다. 실제로 피난 행동을 개시하기 전에 그 물체는 거의 순간적으로 비행 방향을 바꾸어 비행기의 항로를 싹 돌려 섬광을 냈기 때문이다. 이것은 체이스의 오랜 비행 경험 중 한 번도 본 적이 없는 일이었다. 그는 그렇게 말하고 있다. 다음에 물체는 명멸(明滅)했다.

**UFO와의 조우—⑥**

이런 종류의 예로 매우 신뢰도가 높은 다른 사건이 키호에 의해 검토되고 있다.

   1948년 4월 6일, 해군 미사일 추적원들과 과학자 한사람이 비행장 위 상공에 계란 모양의 UFO가 있는 것을 관측했다. 관측해 보니 시속 2만 9000킬로미터로 날고 있다는 것을 알 수 있었다. 그것은 갑자기 급상승을 했다. 10초간 고속 40킬로미터에 달했다. 이런 고속도(고가속도)로 상승하는 동안 어느 정도의 중력이 하방향(下方向)에 가해질지 계산하니 도저히 믿을 수 없는 일이었다.

   1시간 당 3만킬로미터의 비율로 급상승하면 보통 비행기의 경우 수백 G(중력의 수백배)가 아래 방향에 가해진다. 실제로는 지구상의 대기 중에서는 그런 고속을 얻을 수 없을 것이다. 대기와의 마찰에 의해 굉장한 열이 발생하여 다 타버리기 때문이다. 이 목격한 현상을 설명 가능하게 하려면 중력을 중화(中和)라고 할 수밖에 없는 것이다.

## UFO와의 조우―⑦

   이 문제에 대해 좀더 극적으로 많은 공중 앞에서 행해진 관측은 1973년 10월 11일의 일로 미시시피주 파스카가우라 근처이다. 비행 모양은 충분하게 설명되어 있지 않지만 UFO 특유의 '무중력(無重力)' 모양은 맨 먼저 서술되어 있다.

찰스 힉슨과 캘빈 파커는 파스카가우라강 낡은 다리에서 낚시를 하고 있었다. 오후 7시 무렵의 일이다. 그때 기묘한 우주선이 푸른 빛을 띤 엷은 안개를 띄우고 있는 것이 보였다. 우주선은 좀더 가까이 다가와 두 사람이 있는 곳 바로 위 약 30미터 상공에 정지하려 했다. 세 사람의 사람 모습을 한 생물(휴머노이드)이 우주선에서부터 떠 있었다. 그리고 힉슨과 파커의 팔을 잡고 우주선 안으로 들어갔다. 그 어떤 물리적인 검사를 하기 위해서였을 것이라고 생각된다. 힉슨의 말에 의하면, '우리들은 모두 공중을 떠 있는 것 같았다. 내가 안으로 들어가자 그들은 나를 그곳에 내려 놓았던 것이다.

그렇다. 내려 놓았다라고 밖에는 달리 표현할 길이 없는 것이다. 앉을 자리도 의자도 없었다. 그들은 나를 빙글빙글 돌렸다. 그러나 나는 저항할 수가 없었다. 나는 단지 공중에 떠 있었던 것이다. 고통도 감각도 없었다. 한동안 나를 때로 들었다가 등을 잡아 들어 올렸다' 라고 말한 것이다. 두 남자는 30분 이상이라고 생각되는 동안 우주선에 갇혀 있다가 다시 낚시를 하고 있던 다리로 되돌려졌다. 그리고 우주선은 '섬광을 발하며 사라졌던 것'이다.

힉슨과 파커는 그 체험을 후 곧 천문학자 J·아렌·하이넥과 인터뷰했다. 하이넥은 다음과 같이 말하고 있다.

이 두 남자의 체험 ─무서운 체험─을 의심할 마음은 전혀 없다. 그 물리적 성질에 대해서는 나도 잘 모른다. 우리들은 그 해결법을 찾을 수 없을 것이라고 생각한다. 그들은 이상한 체험을 했다. 다른 사람, 다른 장소, 이 세계의 경험에 맞추어 생각해서는 안될 것이라고 믿고 있다(랄프 브랑과 쥬디 브랑의 저서 「인류와 UFO와의 접촉」에 의해).

## UFO와의 조우─⑧

무중력(無重力)현상 외에도 완전히 주관적인 이차원적 현상은 종종 신뢰할 만한 관측자로부터 보고되고 있다. 이 또한 고려해야 한다. 즉, 꿈 속에서나 나타날 듯한 착란과 고뇌의 감정이 존재하고 있는 것이다. UFO와 접촉한 많은 사람들로부터 보고되고 있으나 일반적으로 손발의 마비도 일어나는 것이다. 또 많은 사람에 의해 기억 상실 현상도 보고되고 있다.

　심야 2시 무렵 일이다. 나는 워싱톤으로 가는 국도 66호선을 달리고 있었다. 그때 그 빛이 빛나고 있는 것이 거울 속에 보였던 것이다. 그것은 등 뒤에서 급속히 가까이 왔다. 처음에는 자동차──아마도 경찰차──의 스폿트 라이터라고 생각했다. 그래서 스피드를 늦추었다. 나란히 하고 보니 공중에 떠 있었다. 길이 15~18미터가 되는 것이었다. 그것은 나의 차와 같은 속도로 감속했다. 나는 그때 그것이 원형(円形)이라는 것을 알았다.
　그것이 UFO라는 것을 알아차렸을 때 큰 쇼크를 받았다. 나는 액셀을 밟았던 것을 기억하고 있다. 그러자 그 물체는 좀더 내려와 근접했다. 내 차의 등은 갑자기 모두 어두워졌다. 엔진도 꺼졌던 것이다.
　그리고 그 다음 의식을 잃었다. 다음에 정신을 찾았을 때 나는 그 장소에서 8~10킬로 떨어진 곳을 드라이브하고 있었던 것이다. UFO가 나타난 흔적은 어디에도 없었고 엔진도 불도 정상으로 돌아와 있었다. 의식을 잃은 뒤 무슨 일이 일어났는지 생각을 되살려 보려 했으나 도무지 기억이 나지 않았다(어떤 워싱턴의 남자(익명)가 내셔널 키호에게 보낸 서신──D・E・키호 저 「우주에서 온 사람」에서──).

## UFO와의 조우 — ⑨

UFO 특유의 기억상실의 경우로 아마도 가장 유명한 것은 베티 힐과 바니 힐이 조우한 사건일 것이다. 이 사건은 책 제목이 되기도 했었고, 한 회사 잡지의 취재 기사로 발표된 적도 있었다. TV 쇼에서도 다루었다. 여기에서는 그 개요만을 소개해 둔다.

힐부부는 캐나다에서 짧은 휴가를 보낸 뒤 뉴햄프셔로 돌아가는 중이었다. 1961년 9월 19일 밤, 뉴햄프셔주 화이트필드 부근 도로에서의 일이다. 일련의 사건은 오후 11시 무렵부터 시작되었다. 힐부부는 UFO를 발견하고 좀더 잘 보려고 차를 세웠다. 그 비행 물체는 상당히 하강해 왔기 때문에 남편 바니 힐은 창문이 두 줄로 나란히 있는 것을 보았다. 또 창문을 통해 사람 그림자를 한 무엇인가가 타고 있는 것을 보았던 것이다. 힐부부는 무서워서 차를 떼어 놓으려고 했다. 그때 '삐이-하는 소리'가 차를 에워쌌다.

그 뒤 2시간의 기억이 힐 부부에게는 완전히 없어졌던 것이다. 나중에 힐부부는 심리학상의 스트레스 징후를 분명히 나타내게 되었다. 정신의학자가 계속해서 치료한 결과 힐부부는 UFO 탑승원에 의해 신체검사를 받았다는 것이 무의식 속에 남아 있다는 것이다. 정신의학자는 주로 퇴행성(退行性) 최면 상태로 만들어 그런 것을 밝혀냈다. 아마도 힐부부의 신체검사는 기억이 없는 2시간 동안에 행해졌을 것이다. 부부가 본 UFO는 근처 피이즈 공군기지의 레이더로도 추적되었다. 또 정신의학자 벤자민 사이몽 박사는 힐부부가 자신들의 체험이 사실이라고 믿고 있다는 것을 확인했다.

## UFO와의 조우—⑩

한 흥미있는 사건이 하이넥의 저서에 상세하게 검토되고 있다. 관측자의 예리한 주관적 반응도 서술하고 있다. 그것은 1968년 4월 3일 오후 8시 10분에 위스콘신주 코크레인 부근에서 일어났다. 목격자는 한 교사였다. 하이넥과의 인터뷰 중에서 교사는 다음과 같이 그때 생긴 일을 서술했다.

……  그 물체는 언덕 아래부터 실로 빠른 속도로 날아왔다. 마치 미끄러지고 있는 것처럼 매끄러운 움직임을 보이고 있었던 것으로 어떤 비행기보다도 저공(低空)을 날아왔다. 그 차(관측자인 교수의 차를 막 따라오던 차) 위에 멈추어 떠 있었다. 그리고 차의 불이 꺼졌다. 나는 아이가 운전하고 있는 것이라고 생각하여 자갈 위로 올라갔다. 그 차의 불이 꺼졌기 때문에 추돌되어 부딪치고 싶지 않았던 것이다. 이런 일이 일어나고 있는 동안 내 자동차 불도 조금 어두워졌으나 그때 알아차린 것은 엔진도 불도 라디오도 완전히 꺼졌다는 것이다. 이것이 일어난 것은 UFO가 그 차에서 떠나 도로를 내려와 우리들 위로 왔을 때였다. 그 차에서 와 상당히 낮은 위치에 있었다. 나는 바깥을 보았다. 그리고 바로 위를 올려다 보니 UFO가 있었던 것이다. 차는 멈춘 채 있었다. 그 차의 빛이 꺼졌을 때 나는 창을 열어둔 채 두었었다. 소리는 전혀 들리지 않았다. 심야에도 그 어떤 사람 사는 소리는 들리는 법이다. 그러나 UFO가 있던 그 동안은 그 어떤 소리도 들리지 않았다. 완전 무음 상태로 기분 나쁠 정도의 정적이 감돌았다. 그 외에 내가 기억하고 있는 것이라면 내 자신이 무척 가벼워진 느낌으로 공기처럼 붕 뜬 기분이었다는 것이다. 뭔가 처음 비행기가 이륙하는 것을 경험했을 때, 또는 에어포켓에 비행기가 떨어지는 것을 처음 경험했을 때와 같은 기분이다. 마치 공기와 같이 모든 물건이 가볍고 중량이 없어

지는 듯한 기분이다.
 한 가지 기억이 났다. 얼마 뒤 나는 발에 화상을 입었던 것이다. 처음 차에서 내렸을 때 불에 발을 댄 듯한 느낌이 있었다. 나는 항상 만일 UFO를 만나면 나가서 그 장소까지 가까이 가려고 생각하고 있었다. 그러나 그 UFO에는 지구인과 비슷한 그 어떤 느낌은 전혀 없었다. 그래서 차 안에 있었다. 그러나 차는 전혀 작동이 되지 않아 그 어디에도 갈 수 없었다. 나는 나 자신도 아무것도 모르는 채 그 무슨 일이 일어나기를 기다리고 있었던 것 같다.

## UFO와의 조우 — ⑪

아주 많은 경우 이런 기묘한 모습은 보인다. 그 때문에 UFO 연구자가 원고를 구겨거리는 경우도 있다. 1954년 9월 30일 오후 4시 30분 프랑스의 비엔나 마르시리 부근에서 생긴 일이다.

…… 죠르쥬 가타이는 8명의 건축작업 조장이었는데 문득 주위를 둘러 보니 다른 작업자들과 떨어져 걷고 있었다. 그는 '기묘한 수면기'를 느꼈다. 그리고 갑자기 자신이 어디로 가고 있는지 알 수 없게 되었다. 그리고는 아무런 전조도 없이 매우 기이한 초자연 현상과 직면했던 것이다.

그는 언덕 경사면에 있었는데 그 위쪽 10미터 이내에 한 남자가 있었다. 그의 머리는 유리 헬맷으로 덮혀 있었고, 그의 뺨은 가슴까지 늘어져 있었다. 그리고 몸 전체를 완전히 감싼 회색빛 옷을 입고 단화를 신고 있었다. 손에는 가늘고 긴 뭔가를 들고 있었다. '총도 아니었고 금속 지팡이 같은 것도 아니었습니다.' 가슴에는 투광기가 붙어 있었다. 그 낯설은 남자는 빛나고 있는 큰 돔 앞에 서 있었다. 그 돔은 지상 1미터 정도되는 곳에 떠 있었다. 그 반구 천정 위에 선풍기 날개나 믹서의 날개처럼 생긴 것이 있었다. 그리고 갑자기 그 낯선 남자는 사라졌다. 어떻게 해서 사라졌는지는 설명할 수 없었다. 갑자기 사라진 것이다. 연필로 그렸던 것을 갑자기 지우개로 지운 것과 같은 일이 다. 그리고 위잉하는 큰 소리가

들렸다. 원반은 수직으로 올라갔다. 그것도 또 마치 기적이 일어났던 것처럼 푸른 창공 속에 사라졌다.'

가타이는 그 물체를 보고 곧 달리려고 했다. 그러나 제자리에 못박힌 듯 꼼짝도 할 수 없었다. 관찰하는 동안 그는 마비 되어 있었던 것이다. 이것은 다른 일곱 명의 공동 작업원도 마찬가지였다. 생리학상의 진귀한 집단반응의 예이다.
(J·바레 저「마고니아로의 파스포트」에서)

제2차 세계대전 중 가타이는 프랑스 레지스탕스와 함께 싸우다 홈썸 부르크에서 부상을 당했다. 그도 그런 불가사의한 비행은 경험한 적이 없다고 주장했다. 또 8명 모두 사건 세부에 걸쳐 같은 의견이었다. 얼마 뒤 가타이는 불면증과 강한 두통, 식욕부진에 빠졌다. 이 8명의 목격자 모두가 그때까지 UFO의 존재를 믿고 있지 않았었다는 것은 흥미깊은 일이다. 실제로 바레의 말에 의하면, 그 사람들은 모두 자신들이 본 것은 어딘가 지구상의 국가──아마도 프랑스──에 의해 은밀하게 개발된 것이라고 믿고 있었던 것이다.

이런 류의 보고는 모두 병적인 것으로서(사실 종종 병적으로 볼 수 있는 경우가 많지만) 간주되는 것이 통례였다. 적어도 여러 가지 경우에 좀더 본질적인 증거가 제시되지 않는 한 그럴 수밖에 것이다. 예를 들면 레이더로 관측되거나 자동차 엔진이 멈추거나 지상에 물체의 흔적이 있다. 착륙 지점 표면이 불에 타 있다. 자석 등의 기계가 이상해진다. 라디오나 TV가 수신 불능이 된다라는 일이 일어나지 않는 한 무시되어 온 것이다.

그럼, 마음의 환상에 의한 산물과 물리적으로 믿을 만한 현실의 구분선은 어떻게 그을 수 있을까? 융이 지적하듯이 이 의문은 매우 본질적인 것일 것이다. 아마도 문제의 열쇠는 그 구별되지 않는 점에 있을 것이다.

### 시공(時空)의 연속성을 생각해 보자

제1장에서 우리들은 상대론적 요청에 의한 사차원적 시공의 연속성을 이야기했다. 즉, 시간과 공간이란 다른 파라메이터가 아니고 동일 레벨로 동등하게 취급해야 한다. 조금 더 생각해

보면 이것은 시간 및 공간이라는 다른 대상으로 취급되고 있지 않은, 물리적 파라메이터끼리의 혼합이라고 생각할 수 있다. 그러나 단순히 혼합이라고 하는 것은 그다지 정확하지 않다. 상대론이라는 기묘한 세계에서조차도, 국민학교 학생 산수에서도 진리의 위반은 허락되지 않는다. 즉 시간과 공간을 같은 차원으로 보아야 한다. 이것은 쉬운 일이다. 시간의 단위를 종·횡·높이――길이의 단위로 바꾸기 위해서는 속도의 차원을 가지는 양을 곱하기만 하면 되는 것이다.

역사적으로는 상대성 이론은 전자 현상에 관련된 문제의 해결책으로써 출현했다. 빛의 속도는 보편적인 정수로 모든 전자현상의 전달 속도를 나타내는 것으로 되어 있다. 이 광속이 상대론 초기의 표현 방법 중 요청에 맞는 것이 나타난 시점에서는 시공에 대해서 그다지 고려되어 있지 않았다. 빛의 속도의 불변성에서 나오는 자연스러운 귀결이라고 생각하고 그 이상의 중요성은 생각되고 있지 않았던 것이다. 누구도 달리 생각하는 일 없이 고전 물리학의 모순을 해결해 주었던 것이다.

### 우리들의 세계는 전자적 세계이다

상대론은 사차원 형식으로 다루어진다. 시각($t$)은 우선 속도($c$)의 배가 된다. 그럴 때 신비성을 띤 제4축이라는 호칭을 주고 있다.

이렇게 하여 체계적인 상대론의 적용 범위는 결코 전자 현상의 세계에만 한정되어 있는 것이다. 이것은 주지하고 있는 사실

(그리고 충분히 검토된 사실)이다. 물질의 관성의 성질——즉 중력 현상——도 3종류의 핵력 상호 작용(전자력 외의 강한 상호 작용과 약한 상호작용)도 이 전자 현상에서 나온 법칙으로, 엄격하게 추종되고 있는 것처럼 여겨진다. 왜 그런지는 아무도 모른다. 실제로 중력 현상과 핵력 현상이 빛과 같은 성질을 보편적으로 갖고 있으나 자명하지는 않은 것이다. 그럼에도 불구하고 이들 전자 현상에서 유출된 법칙은 자연이 갖추고 있는 성질처럼 여겨진다. 우주는——적어도 감지할 수 있는 우주는——전자적 효과에 의해 지배되고 있는 것이 아닐까라고 생각하고 싶어질 정도이다. 불가사의한 세계이다.

사실 철학자 알프레드 화이트헤드는 우리들이 소속되는 우주를 '전자적 사회'라는 이름으로 했다. 화이트헤드에 의하면 우리들과 운명을 함께 하고 있는 우주 속에서 우리들이 소속되어 있는 곳은 약 $10^{10}$년 전에 문득 나타나서 실현된 것이다. 게다가 물질과 공간의 전자적인 성질에 지배되어 온 것이다. 내가 여기에서 말하고 싶은 것은 전자적 성질 이외에도 지배되고 있는 것이 있을지도 모른다는 것이다. 이점으로 곧 되돌아간다. 여기에서는 우선 처음으로 좀 가까운 길을 더듬어 관련 사항을 검토해야 한다.

## 4차원 시공(時空)에 직교 사축(直交四軸)을 취한다

데카르트 좌표계 (보통 XYZ 좌표계)를 취하자. 보통 3차원의, 인식할 수 있는 공간을 정의할 때는 곤란할 것은 없다. 공간에

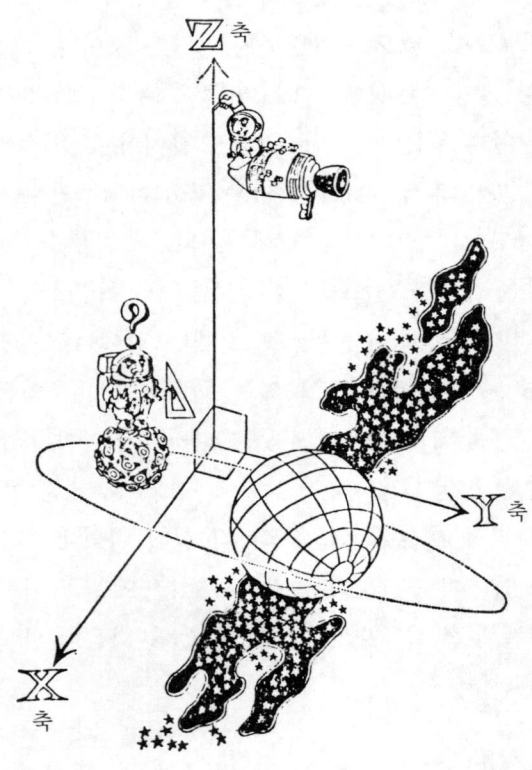

3차원 공간의 직교(直交)하는 3개의 축(軸).

직선을 그어 그 직선에 그 어떤 유용한, 자주 쓰이는 이름을 붙이는 것에서부터 시작하는 것이다. 예를 들면 X축이라고 하자. 다음에 직선상의 점에서 임의의 수직을 그려 Y축이라고 한다. 수직을 그은 점을 원점이라고 부른다. 또 원점에서 X축 Y축으로 수직인 세 번째 직선을 그어 Z축이라고 한다.

그러나 이번에는 문제가 일어난다. 상대성 이론에 의하면 세계는 사실 사차원의 장소인 것이다. 그럼 대체 네 번째의 축을 어디로 그려야 할까? 물리적인 우주가 실재하고 있다는 것을 믿는 자로서는 그 어딘가로 그려야 하는 것이다. 그러나 어디에도 여분의 방향이 남아 있지 않다.

곤혹스러워 하는 것이 당연하다. 내재하는 심원한 묘상이 있지만 불행하게도 표현할 수 없다는 사람이 있을지도 모른다. 또는 그 어떤 고원한 말로는 표현할 수 없는 감각이 있어서 그 감각으로 사차원 세계의 기하학적 묘상을 그리는 것이라고 설득하는 사람도 있을지 모른다. 그러나 아무튼 당신 쪽을 엉터리로 만들고 있다.

다행스러운 것은 수학자들이 강력하게 만든 업적에 의해 그런 곤혹스러움에 빠지는 일은 없다는 것이다. 4차원 상대론적 모델의 완성을 위해 'ct―축'을 가할 때는 이 수학상의 업적을 빌린다.

### 제4축이야말로 전자적 성질을 부여하고 있는 것이다

이 점에 대해 내가 말하고 싶은 것은 다음과 같은 것이다.

즉 이제 4축을 따라 가는 방향으로 측량 단위를 나타내는 양(量)이야말로 본질적으로 우주의 전자적 성질을 부가하고 있다는 것이다. 즉, 전자적 힘이 거시적인 세계로 지배력을 미치는 것이다. 시간이라는 차원을 부가하는 것에 의한 것이다. 내가 서술하고 있는 것은 그다지 놀라운 일이 아니다. 그러나 이것이 바로 단서가 되는 관점이다. 만일 힘이 존재하지 않는다면 운동의 변화도 일어나지 않는다. 운동의 변화가 없으면 시각이라는 개념은 의미가 없는 것이다. 즉, 힘이 없는 곳에는 시각도 없는 것이다. 마크로한 세계에서는 우리들이 알고 있는 네 개의 힘 중에서도 전자적인 힘만이 지배적이다. 핵력은 도달 거리가 매우 짧고 원자핵 밖으로는 도달하지 않는다. 중력은 전자력과 마찬가지로 무한 원점에까지 미치고 있으나 그다지 중요한 힘은 아닌 것이다. 즉, 전자력에 비해 $10^{-36}$으로 약한 것이다.

### 뉴우톤 역학→상대론→?

내가 의론을 통해 분명히 하려 하는 것은 다음과 같은 것이다. 즉 이 20세기에 있어서는 현실 세계의 개념에는 마술에 의해 선택된 특권적 견해가 아무것도 존재하지 않는다는 것이다. 우리들은 그 어떤 의미에서 선조의 결함을 놓치고 있지 않다. 알렉산더 포트는 뉴우톤의 정식화에 의한 당시의 기계적 세계상의 정점이 되어 있었다. 하지만 그런 유명한 학식자의 집단에 있어서도 상대론 만큼 이상한 것을 예기하고 있었다고는 생각할 수 없다. 20세기 과학에 빠져 큰 기쁨을 느끼면서도 우리들은 뉴우톤적 세계상과 같은 상대론도 매우 최근에 나타난 견해에 지나지 않는다는 생각을 하게 되었던 것이다. 상대론 조차도 물리적인 진실이 좀더 심원하고 더 복잡해져 있다──그런 성질 표면을 지나치게 잡고 있지 않은 것이다. 그러므로 새로운 물리 현상이 관측되었을 때는 새로이 물리학을 통찰하기 위한 기반으로써 충분히 검토해야 한다. 그리고 UFO가 바로 실제로 그런 일련의 새로운 현상을 나타내고 있다는 것은 매우 명백하다.

**우주는 5차원의 세계라고 생각하지 않을 수 없는 것이다**

물리적으로 중요한 첫번째 사실은 그 어떤 방법으로 UFO가 실제로 이 지구에 도달했다는 사실에서 유도된다. 그 존재가 확인되었다는 것이 물리학자에게 있어서는 모든 사실 중에서 가장 놀라운 일인 것이다. 그에 의해 우리들의 과학에서는 아직 전혀 알지 못하는 물리법칙이 있고, UFO의 이동은 그 기술적인 응용에 의해 행해지는 것일 것임이 농후하다는 것을 나타내고 있다. 여기에서 논리적인 수미 일관성을 요구하는 만큼 문제 해결의 최초의 실마리를 고려해 본다. 거기에는 차원을 또 하나 덧붙이는 것이 최량이라고 생각된다. 즉 UFO의 이동을 설명하는 수단으로서는 제5차원을 생각하는 것이 타당하다. 이런 견해를 보면 UFO는 통상의 의미에서의 발명품과는 다른 것이다.

5차원 표현에 의하면 시공을 '스라이스로 전진하는' 것이 가능하다. 4차원 상대론적 세계에서 완전히 떨어져 있는 2개의 시공적 사건이 있었다고 하자. 5차원 세계에서는 그 두 개를 연결하

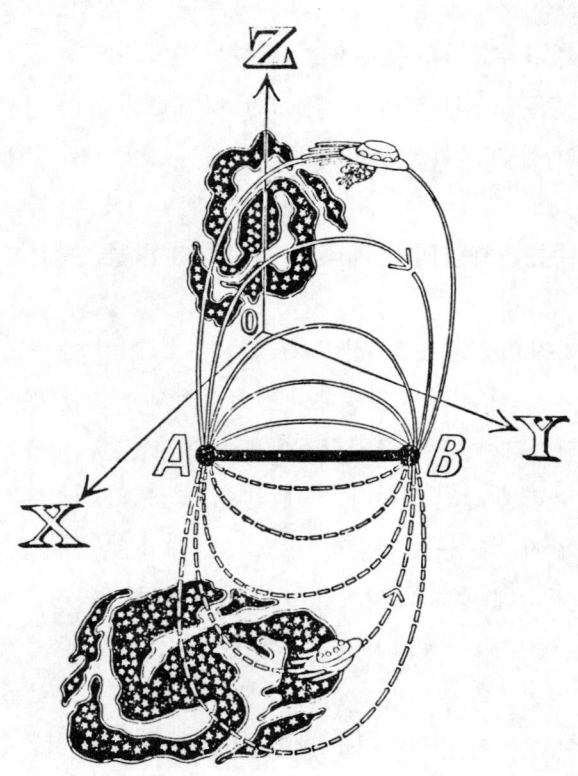

A→B로 슬라이스하여 진행.

는 '경로(徑路)'을 포함하는 4차원 '곡면(曲面)'을 파고드는 방법을 제시해 준다.

## 사실은 5차원의 세계는 이미 물리학에 도입된 적이 있다

5차원 세계라는 개념은 물리학의 분야에서는 전혀 새로운 것이 아니다. 물리학자 카르저가 일반 상대 이론을 능란하게 표현하는 기획 중에 다섯 번째 차원을 가정했다. 1921년까지로 거슬러 올라가는 것이다. 그러나 카르저의 제5차원에는 직접 물리적인 의미는 없었다. 카르저에게 있어서는 제5차원은 계산을 하기 쉽게 하기 위해 편의상 생각한 것이었다.

약 20년에 걸쳐 아인쉬타인과 그 공동자들은 카르저의 제5차원에 진정한 물리적 의미를 부가하려 했다. 양자역학적 불확정성의 합리적인 기반을 세우기 위해 좀더 매력적인 형을 갖게 하려는 것이 그들의 생각이었다. 아인쉬타인은 공동 연구자들과 함께 다음과 같은 지론을 폈다. 5차원의 세계를 4차원으로 표현하려 하면 기술이 불완전해진다. 그래서 '불확정성(不確定性)'에 필연적으로 빠지는 것이다. 이렇게 해서 미크로의 세계를 취급하는 시험은 그다지 성과를 거두지 못했다.

## 제5차원을 부가하는 데는

다섯 번째의 차원을 다른 네 개의 차원과 조합시킬 때 곤란한 일이 일어난다. 처음부터 이질적인 것으로 혼합시킨다는 사태에 직면하는 것이다. 새로운 차원을 이미 3차원 공간이 길이의 차원을 지니고 정식화되어 있다——그 길이라고 부를 수도 없다. 마찬가지로 시간이라고도 부를 수 없다. 시간축의 경우에는 빛의 속도를 넘어서는 것에 의해 길이의 특유한 차원으로 전체를 맞출 수가 있었다. 아무튼 어떤 기묘한 사실을 갖고 새로운 차원을 추정하는 단위로 삼아도 시간축의 경우와 마찬가지로 그에 의해 전체의 차원이 맞아야 하는 것이다. 만일 이 제5차원을 다른 네 개의 차원과 조합하면——시간과 마찬가지로 직교 관계를 다시 두어 다섯 개의 축을 정한다——반드시 그에 부수된 힘이나 현상이라는 것이 필연이 되어간다. 그 힘이나 현상이 제5차원의 차원·규격화의 정의에 부수되어 나타나야 하는 것이다.

### 제5차원은 새로운 힘을 필요로 한다

따라서 다섯 번째의 차원이라는 것을 말하기 위해서는 전혀 새로운 힘을 준비해야 한다. 아직 과학상의 어떠한 지위에도 등장한 적이 없는 힘을 지녀야 하는 것이다. 이 역할을 담당하는 것으로써 전혀 특이한, 다음과 같은 힘을 들 수 있을지 모른다. 즉, 심령현상(심리학 ; 心理學)이라는 '새로운 흥미 분야에 있어서 존재가 과학적으로 감지되기 시작한 힘이다. 달리 그 유례가 없는 힘과 현상을 초감각적인 힘의 현상이라는 이름으로 부르기로 한다. 그 이외에 더 좋은 말도 없고, 또 주로 역사상의 이유도 있어서 그렇게 이름 붙인 것이다. 심령 현상은 분명히 4차원

제5장 / 오차원 우주의 존재　207

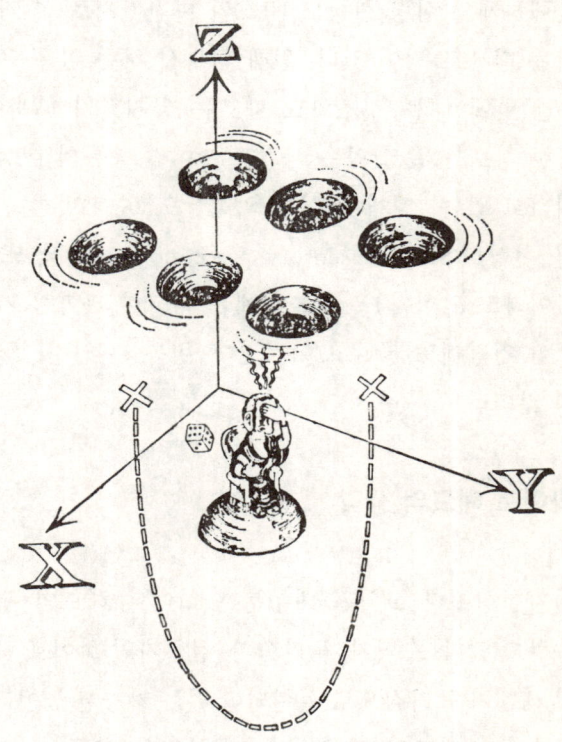

5차원을 생각하면 전혀 새로운 힘을 필요로 하지 않는다. 그것은 초감각적인 힘·현상일지도 모른다.

세계의 힘을 나타내고 있다. 시공을 늦추어 상대적인 것으로 하는 힘인 것이다. 이것이 바로 우리들의 정식화에 욕심이 나는 힘이다.

불행하게도 심령 현상도 UFO와 마찬가지로 몇 과학자 집단에서는 터부로 되어 있다. 원래 터부시 하는 일은 유쾌한 일이다. 입 밖에 내는 것조차도 때로는 금지되기 때문에. 그러나 충분한 정보를 알고 있는 사람들은 이런 종류의 현상이 실제로 일어나고 있는 것에(적어도 외견상으로는) 반발하지 않는다. 심령 현상(ESP—extrasensory perception——현상 또는 초감각 현상이라고도 한다)은 오늘날에는 확고한 과학적 기반을 갖고 있으면 인정해도 좋다고 여겨진다. 비록 그 인지(認知)는 분명하지 않더라도……

### 화이트 헤드의 생각

전자현상이나 고차원 대부분은 화이트 헤드의 우주관에 잘 대응하고 있다. 수학자, 물리학자, 철학자인 화이트 헤드는 고차원의 세계가 물리적으로 실현되고 있는 가능한 높이라고 생각했다. 화이트 헤드의 체계에서는 4차원의 시공——그가 말하는 '전자적 사회'——이 전체를 차지하고 있다고는 생각할 수 없다. 물리적으로 실현되고 있는 세계 대부분을 차지하고 있는 것에 지나지 않는 것이다. '이 전자적이 것이 압도적으로 우세한 한 물리학의 계통적인 법칙이 절대적으로 지배하는 것이다. 전자적인 것의 우세가 불완전하면 그 체계적 법칙에 따르는 것은 확률

석인 사실로 변하고 법칙에서 벗어나는 일도 있는 것이다'라고 화이트 헤드는 말하고 있다. 아인쉬타인이 다섯 번째 차원의 존재를 나타내는 것으로서 불확정성 원리를 설명하려 한 것은 근본적으로는 동일 사상에 기반을 둔 노력이었다. 양자는 독립해서 행해진 것이다. 화이트 헤드가 이런 생각을「과정과 현실」이라는 제목으로 출판한 9년 뒤 아인쉬타인의 일이 일어났다.

### 융의 생각

융은 물론 물리세계의 통찰에 대해서는 그다지 명성을 올리고 있지 않다. 그러나 그가 영혼의 '기묘한 실현'이라고 부르는 것에 관한 검토는 아주 비슷한 것이다.

경험에 비추어 보면 생명 있는 것에는 영혼이 있고, 영혼의 세계에는 물리적인 면이 있다고 가정하는 쪽이 보다 타당하다. 그러나 만일 우리들이 심령 현상을 차분하게 생각하면 영혼의 세계에 있어서 가설은 생활의 과정을 지나 일반 물질 세계로 확장되어야 한다. 그렇게 확장되면 모든 현실 세계는 물질로써의 성질과 동시에 영혼으로써 성질을 갖추고 있는——그런 미지의 기질에 기반을 두고 있는 것이 될 것이다. 그렇게 되면 서로 독립된 심령계와 물질계와의 현상간에 인과율에 맞지 않는 대응이 있다——예를 들면 (2개의 떨어진 지점에서의) 동시 현상이, 특히 염력이——고 해도 비교적 이해하기 쉬울 것이다.

(C·G· 융 「공중을 날으는 원반」

막상 이 의론에 있어서 내가 할 일은, 본질적으로는 화이트헤드, 융, 아인슈타인의 3인간의 대화를 종합하는 것이었다. 내가 강조하고 싶은 것은 융이 말한 '고차원(高次元)'이나 '미지의 기질(基質)' 등은 물리적으로 말해 인과율에 따르지 않는 힘 또는 현상과 완전히 같다고 할 수 있는 것이다. 더구나 이 힘과 현상은 주로 화이트헤드가 말한 '인과율의 붕괴'로 나타난다고 생각할 수도 있다.

## 인과율은 고전적인 의미에서는 버려질 것이다

현대에 있어서 우리들의 체험은 그런 '인과율의 붕괴'를 더 이상 인정하지 않을 수 없는 곳까지 와 있다고 생각한다. 인정하기를 주저하거나 무시하거나——그런 과학적 특권을 사용해도 무리이다.

예를 들어 보자. 양자(量子)라는 극미한 세계에서는 그런 불가능한 현상을 이해하는데 있어서 빛나는 성공을 거두었다. 우선 최초로 '불확정성(不確定性)' 원리의 도움에 의해 이런 현상을 인식하고 시인한 것이다. 그리고 마침내 그 현상을 이용하여 기술상의 여러 가지 응용을 실시했던 것이다. 이 일은 중요하다. 예를 들면 전자 현미경이나 터널 다이어드이다. 그러나 이런 예가 있어도 물리학의 마크로한 세계에서 인과율과 맞지 않는 (비인과율적인) 것에 대처하지 않을 수 없다는 기분은 아직 들지 않는다. 미크로 세계와 마찬가지로 건설적으로 열의를 갖고 임하지 않기 때문일 것이다.

## 심령 현상에 대해

우리들이 직접적으로 감지할 수 있는 거시적인 세계에서 때때로 비인과율적인 현상과 조우하고 있다는——그런 증거는 많다. 이런 종류의 현상중 가장 유명한 것은 심령현상에 의한 것이다. 즉, 염력(念力), 영감(靈感), 사전예지(事前予知)라는 것이 있다. 여기에서 가장 유명 하다고 한 이유는 특히 이런 종류의 현상이 바로 뒤에서 말하듯 엄밀하게 제어되는 실험실에서의 조건 중에 시험되었기 때문이다.

대부분의 사람은 ESP(영감·심령 현상)를 직접 경험한 적이 있거나 경험했다는 사람을 알고 있는 것이다.

### 라인에 의한 심령 현상의 실험

J·B·라인과 공동 연구자들은 이 요구에 답하기 위해 일련의 실험을 실시했다. 이미 클래식이 된 이 실험은 1930년대, 40년대, 50년대에 걸쳐 듀크대학에서 행해졌다. 라인이 이용한 방법과 결과는 오늘날 세계적으로 유명해지고 있다. 우리들은 여기에서 우리들의 논점을 확립하기 위해 라인의 일 중 아주 작은 부분만을 이야기해 보겠다.

우선 염력(念力)——즉, 마음으로 직접 움직이는 것에 의해 물리적 대상물에 작용하는 것—— 이것이야말로 우리들이 지금 이야기하려 하고 있는 논점을 직접적으로 확립하려고 생각한다. 라인은 매우 신중하게 비교하며 실험을 했다. 그 결과 염력의 효과가 현실적으로 존재하는 것은 의심할 여지가 없을 정도로 되어 있었던 것이다. 실험에는 주사위가 쓰였다(주사위라는 것은 논리적으로 좋은 선택이다. 이 말은 결과가 용이하게 통계적으로 다루어지고 주사위가 어느 패를 내놓을지 곧 알 수 있으니까). 주사위의 어떤 눈 또는 몇의 눈을 내놓도록 지시한다. 다음에 주사위를 손으로 흔들거나 기계적 방법으로 흔든

다. 그리고 그 결과는 기록되었다. 특기할 만한 효과는 없다.

**왠지 심령 현상의 실재를 믿고 싶어진다**

라인이 실시한 매우 흥미로운 사색과 일에 의해 텔레파시, 투시력, 사전예지와 염력과의 관계가 논의되었다. 이 분야에 더 깊숙히 들어가는 것은 너무 다른 길로 빠지는 것이 됨으로 여기에서는 라인의 결론을 인용하는 것 정도로 멈추겠다. 'ESP(텔레파시, 투시력, 사전예지), PK(염력) 사이에는 많은 상호관계가 있다는 것을 알 수 있다. 그렇게 하고 보면 이들 현상이 하나의 기본적인 과정으로 귀결될 수 있다는 것을 알 수 있다. 이 하나의 과정이 구체적으로는 ESP와 PK가 되어 나타나고 있는 것이다. 그러므로 이 분야의 연구자에게는 이런 현상을 모두 하나로 정리하여 심령 현상이라고 부르는 사람도 있다.

좀더 최근의 실험에서 특히 주목할 만한 것이 물리학자 러셀 터그와 헤롤드 퍼소프에 의해 스탠포드 연구소에서 행해졌다.

터그와 퍼소프는 뇌파전위 기록기(뇌파기——EEG)를 잘 사용하여 ESP 현상의 의식이 미치지 못하는 부분을 추정했다. 그를 위해 '송신자'와 '수신자'는 다른 방으로 들어가 수신자는 EEG에 건다. 다음으로 송신자에게는 계속해서 빛의 후레쉬가 보이게 된다. 다른 한편의 수신자는 그 어떤 일이 일어났는지를 알리고 후레쉬가 반짝였다고 느꼈을 때(송신밖에 할 수 없다) 전신기로 그 뜻을 나타내게 했다. 그는 그 동안 EEG로 감시된다. 그 결과는 놀라운 것이었다. 송신용 전신기로 기록된 의식상의 반응은 후레쉬와의 상관 관계를 나타내지 않았다. 전혀 무작위적인 것이 되었던 것이다. 피험자는 대부분 자신이 보통과는 다른 ESP 능력을 갖고 있다고 생각지 않았다. 그러나 EEG에 기록된 의식으로 거슬러 올라가는 반응은 후레쉬와 충분한 상관을 나타냈던 것이다. 이에 의해 잠재의식하에서의 텔레파시 또는 투시력이 있다는 것이 측정되게 되었다.

### 그러나 사전 예비 지식은 인과율에서 제외된다

염력, 투시력, 텔레파시는 물론이고 물리학의 대상물이 되지는 않는다. 이들을 규정하는 법칙을 모르는 것이다. 그러나 모든 상식에서——물론 현대 물리학에서도——벗어나 있는 대표는 바로 사전 예비 지식인 것이다. 조금 생각해 보면 곧 왜 그런지 알게 된다.

누군가가 실제로 미래에 생긴 일에 대해 알고 있다고 가정하자. 예를 들면 그 사람은 경마 기수이고 확실하게 미래에 일어날 일——경마——에 있어서 절대로 틀림없는 예언적인 생각을 갖고 있다고 하자. 화요일에서 1주일 지난 뒤 산타 아니타의 제3 레이스에서 이기는 말을 알고 있는 것이다. 그는 그 일에 매우 특기가 있어서 레이스 전 토요일에 친구를 위해 파티를 연다. 그 파티에서 감기에 걸린 한 사람이 그의 면전에서 재채기를 하여 그는 화요일 아침에 인플렌자성 감기에 걸려 다운되는 것이다.

우선 처음으로 '확실하게 미래에 일어날' 물리적 현상, 즉 화요일에 경마가 이루어지기 이전의 사항으로 거슬러 올라가 그 어떤 일을 일으키는 일에 착안하자. 토요일 파티나 기수의 감기, 이런 것은 인과율에 위반되는 것이다. 미래가 그 과거에 영향을 미치는 것이다. 상상을 부풀려 가면 '만일 자신이 죽을 장소를 알고 있으면 그곳에 가지 않겠다'라는 매우 불합리한 상황도 생긴다.

## 이렇게 해서 사전 예지는 광기가 되는 것인가

사전 예지의 인과율과의 간섭은 지능이 있고 자유의사로 행동할 수 있는 동물에까지 필연적으로 영향을 미친다. 이것은 흥미

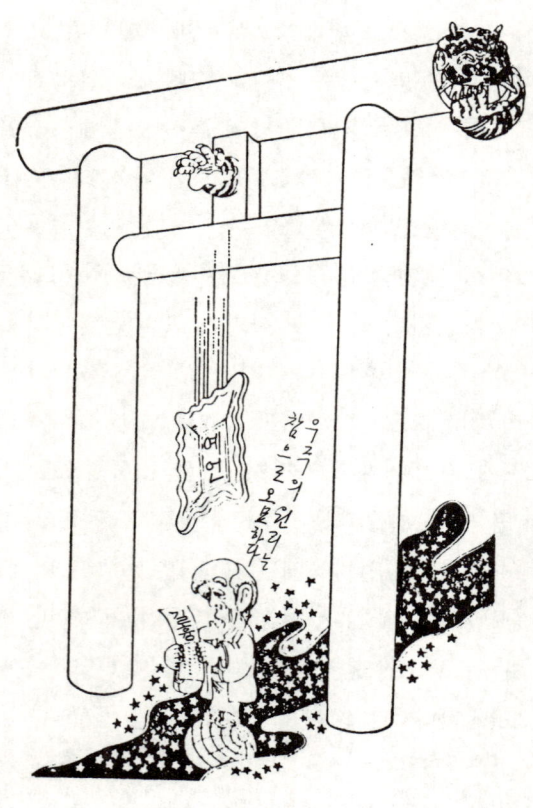

사전예지(事前予知)는 과학의 대상이 될 수 없다. 왜일까?

있는 일이다. 그렇게 보면 곧 다음과 같은 일을 알 수 있다. 즉 지능과 자유의지를 익히고 있는 무엇이 본래의 일을 완전히 알고, 알아야 할 기술을 체득하고 있다고 하자. 그러면 물리학상 확실한 통상의 일조차도 마침내는 모두 뒤바뀔 것이다.

임마누엘 칸트는 이 비인과율적인 인자를 도입하는 것에 대해 다음과 같이 말한 것이다. '이런 타입의 일을 하나라도 인정하게 되면 마치 영령화(齡靈話)나 마법을 도입하는 것과 같아질 것이다. 합리성의 벽은 곧 깨지고 그 틈에서 계속해서 광기가 새어 나오는 것이다.' 칸트의 말 같이 '있어야 할 지위'에 있는 인과율과 크게 교섭하면 우주의 광기, 꿈으로 생각이 미치게 된다.

### 상대론의 세계에서 해석하려고 하면……

여기에서 논의하는 것은 상대론과도 관련된다.

두 가지의 일 $E_1$, $E_2$가 있다고 하자. 또 지구를 중심으로 하는 좌표계에서는 일 $E_1$쪽이 $E_2$보다도 빨리 일어났다고 하자. $E_1$이 원인이 되어 $E_2$가 되는 결과가 나타났다고 하자. 예를 들면 $E_1$은 버튼을 누르는 조작이고, $E_2$는 떨어진 장소에서 신호를 받는 것이라고 하는 것이다.

이렇게 하나의 가정이 생긴다. 이 인과 관계를 성립시키기 위해 그 어떤 특별한 힘을 사용하고 있다고 하자. 이 힘은 우리들의 과학으로는 아직 모르고 있는 일이다. 그리고 빛의 속도보다도 빠른 스피드로 전달된다고 하자. 여기까지는 다른 문제가 없다. 그러나 이제부터가 중요한 것이다.

상대성 이론에 따르면 앞으로 생길 일의 순서가 실제로 바뀔 좌표계를 다룰 수 있다(제1장 참조). 즉 로켓트를 타고 적당한 방향을 따라 적당한 속도로 날아가면 그 속에서는 $E_2$(결과)쪽이 $E_1$(원인)보다도 실제로 빨리 일어난다──그렇게 된다. 곧 알 수 있는 일이지만 이런 모순이 일어날 수 있는 것은 일 $E_1$, $E_2$를 연결하는 쪽이 빛의 속도보다도 빠를 때 뿐이다. 이것이 바로 상대론에 의해 광속보다 빠른 것의 가능성은 배제되는 것이다고 일컬어지는 주된 이유인 것이다.

ESP 현상중의 사전 예지에 관한 것은 인과율을 지닌다는 것을 말했을 뿐이다. ESP 현상에 관련되는 미지의 힘이 이 기묘한 상대론의 보조정리(──광속을 넘어선 전달 속도를 지니는 힘은 인과율을 깬다──)의 구체적인 예라고 잘라 말할 수 없다. 다른 가능성도 생각할 수 없는 것은 아니다. 그러나 그 중 제인자(諸因子)는 아무래도 이 구체적인 예를 나타내는 것 같다.

### 5차원의 경로를 생각해 보자

두 가지의 일을 사차원 시공으로 연결하는 경로보다도 오차원 우주에서의 경로 쪽이 짧을 가능성이 있다. 만일 그 어떤 힘이 실제로 이 5차원 내에서 경로를 따라 하나의 장소에서 다른 장소로 광속보다 빠르게 전달될 수 있다고 하자. 그러면 상대론이 가르쳐 주듯이 이 경로(및 그 힘과 힘에 의해 일어날 수 있는 힘)는 ESP의 힘이나 현상과 마찬가지로 종종 인과율과 위배되

는 것이다. 게다가 인과율과 지능이라는 행위가 이 경로를 따라 간섭하면 넌센스적인 현상이 종종 일어날지도 모른다. 그것을 우리들은 오카르트 현상(초자연 현상)이라고 보고 있지는 않은가. 즉, 영혼·유령·요정 등등······.

 UFO에 관련된 많은 현상은 이제까지 세상에 알려져 있는 지식으로 완전히 해결하려는 시험·설명을 모두 부정해 왔다. 그것은 이 거시적 세계에서의 비인과율적인 것을 시사하는 것처럼 여겨진다. 융의 생각을 빌려 다음과 같이 말하고 싶다. 이 두 종류의 현상 (UFO와 ESP)에는 중요한 유사점이 존재하고 양자에 공통되는 그 어떤 한 가지가 존재할 것 같다. 따라서

이들 현상을 이해하기 위해 ──과학적으로 쌓아가는 것──
최초의 시험으로써 논리적 단계를 확장해 본다. 확고한 현대물
리학의 기반에서 단 하나 벗어나는 것으로 하자. 단 하나 현대물
리학에 없는 가정을 한다. 즉 모든 비인과율적인 체험은 동일
기반사항에서 생긴다는 것이다. 자연계가 그렇게 되었다고 가정
한다.

### 전자 상호작용적 세계를 살펴보자

이 점에 관해 우선 생각나는 것은 TV 셋트와 같은 여러가지
와, 근본적인 것으로까지 거슬러 올라가면 자연의 하나의 근본
적인 면──전자 상호 작용──이 나타난다는 것이다.(실은 초감
각적인 전자적 지각을 통상 지각으로 바꾸는 발명품이 TV라고
볼 수도 있을 것이다). 실제로 밀고 당기고 조이고 마찰시키고
연소시키는 일 자체도 최종적인 분석에 있어서는 궤도 전자의
충돌, 튕김, 배치, 변환의 결과에 지나지 않는 것이다. 보통은
알아차리지 못하지만 우리들 일상 생활 존재는 전자 상호작용이
행해지고 통괄되고 있는 결과인 것이다. 중력은 제로 하에서
인간이 잘 할 수 있는 것──이런 것이 인공 위성의 발사에 의해
나타나고 있다. 그에 의해 결국 우리들이 어떻게 중력없이 생활
하고 있는지 알 수 있는 것이다. 핵력은 우리들의 감각세계인
것에는 어떤 역할도 연출되지 않는 것 같다.

### 전자 상호 작용의 충분한 이용이 현대 문명으로의 길이다

역사적으로 보면 전자 상호작용의 이동은 통신수단의 기본으로써 사용했던 것으로 시작된다. 이것은 언어가 사용되기 전보다 훨씬 오래된 일이다. 우우 하는 목소리와 단순하게 팔을 흔드는 동작으로 나타난 것이다. 언어나 음성도 또 분자 레벨에서의 전자적 현상인 것이다. 망원경이나 전신까지 가지 않아도 북에 의해 이미 복잡한 기능을 다하게 하여 그 힘을 비로소 기술적으로 이용했던 것이다. 실제로 극히 최근에 핵에너지 이용을 하기까지는 생물학적인 전달 기관, 감각 기관, 이동 기관을 서서히 객관화하고 주체에서 떼어 이용하는 기술이 역사 전체를 점유하고 있었다. 기술이라는 것은 오늘날에 이르기까지 이런 자연 능력 범위를 인공적 수단을 빌려 서서히 수행하고 확대하는 것에 지나지 않는다. 기술은 통상의 현상을 초감각 영역으로 확대시켜 가는 것이 주된 역할이라고 생각할 수 있다. 그리고 극히 최근까지는 완전히 전자적인 틀 내에서 확장이 행해져 왔다.

## 제5차원을 잘 이용하는 것에 의해 UFO의 수송도 가능해진다

UFO의 수송도 기본적인 물리적 효과를 기술적으로 잘 응용한 것이 아니다. 이것을 나타내는 것은 많이 있다. 이 효과를 우리들은 무엇이라고 부르면 좋을지 알지 못한다. 그 효과의 존재 또는 UFO의 존재를 솔직하게 인정하는 것조차 망설이고 있다. 문자 그대로 사고를 180도 전환시킨, 전혀 새로운 차원

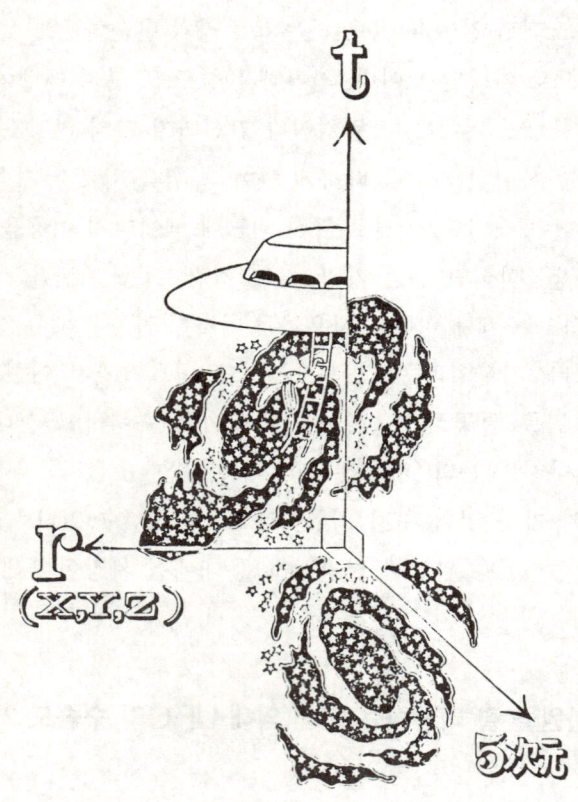

UFO는 시간과 공간과 직교한 제5차원에 가까운 평행이동을 한다.

(및 새로운 힘)이 문제가 되는 것이다. 이 효과를 이용하여 최초의 기술 혁신이 일어나기까지 어느 정도의 세월이 필요할지 아무도 모른다. 누군가가 그리고 어딘가에서 이미 훨씬 이전에 그 자리를 디디고 있을지 모른다고 나는 생각하고 있다.

UFO 관측의 초자연적인 면을 생각해 보자. 이것을 비인과율적인 물리학상의 일로 볼 수 있다. 그에 의해 문제를 구름의 영역에서 물리적으로 고려할 수 있는 영역으로 변환시키는 것이다. UFO의 문제를 물리적 영역으로 가져 가는 것은 적절한 처치일 것이다. 왜냐하면 물리적으로 보면 이전 인용했던 '돌연히 출현' '돌연히 사라졌다'라는 것은 시간과 공간에 직교된 '평행 이동'이라는 것으로 곧 해석할 수 있다. 즉 제5차원을 나타내는 축을 따르는 평행 이동이라는 것이다. 이런 의미에서는 그 물체가 사라졌다는 것은 단순히 제5차원을 따라 움직여 살아졌을 뿐인 것이다.

## 제5차원에 따른 운동을 생각하면 하나하나 불가사의한 일을 해결할 수 있다

이전에 인용한 중력이 제로가 되었을 때의 진동은 어떻게 생각해야 좋은 것일까. 또 UFO 비행중 갑자기 수직 방향으로 방향 전환하는 반중력적인 움직임을 보인다는 이야기는 종종 나오고 있다. 이 해석은 간단하다. 이 두 가지 현상으로 물질로써의 공통적 성질──즉 질량──의 소실을 나타내고 있다. 그 의미는 물질이 이 제5차원을 따라 정해진 이상 방법으로 이동한다는 것이다. 중력이나 관성의 성질은 없어져도 그 어떤 방법으로 에너지를 부담, 방출하는 능력을 갖고 있는 것이다. 이 말은 UFO는 이런 특별한 '무질량'을 나타내는 기간 중에만 눈에 보이기 때문이다 (물리학에 있어서 질량 제로의 입자──빛과 중성 입자── 를 생각해 보자. 이들 입자는 에너지도 운동량도 경우에 따라 필요한 양만큼 보유하는 것이다 ).

그리고 UFO의 관측에는 다소 통상의 물리적 현상이 부수되어 있다. 이들 또한 5차원 세계에서의 일반적인 사항이라고 생각된다. 예를 들면 자동차의 엔진이 멎었다가 금방 괜찮아지는 설명 불가능한 경우가 있었다. 이 현상은 우리 과학으로는 전혀 알 수 없는 방법으로 전자적 현상과 서로 간섭받고 있다는 것을 시사하고 있다. 또 UFO는 종종 반짝이고 있다. 특히 UFO의 가속 효과와 관련하여 빛의 색이 변하는 일이 있다. 이 현상은 모두 소실을 의미한다. 즉 자동차가 가솔린을 연소시킬 때 열에너지를 잃는 것과 마찬가지로 미지의 원에서 에너지를 잃고 전자의 양자 상태가 변해 전자적 에너지가 되어 해방되는 것이다. 착륙 지점의 초목이 타버리는 일이 종종 보도되고 있다. 또 접근하여 관측했던 사람이 화상을 입은 경험도 있다. 이 모두 같은 일을 시사하고 있는 것이다. 착륙 지점에서 약한 방사능이 검출되었다는 보고도 있으나 이것도 그 현상의 존재를 증명하는 것이 된다.

### 제5차원의 힘은 좀더 과학적으로 검지될 것이다

오차원의 미스테리를 보충하고 해명한다. 그렇게 하면 우리들의 물리학에 있어서는 전혀 새로운 힘——비인과율적인 힘——을 이용하는 장치, 바꾸어 말하자면 오차원 세계의 물리법칙에 대응하여 동작, 그 오차원을 충분히 이용하는 장치가 출현된다고 여겨진다. 우리들은 지금 계속해서 일어나고 있는 일을 감지하고 있다고 생각해도 좋을까? 그러나 우리들의 감지도 일그러진 형에 지나지 않는다. 진실로 본질적인 면은 전혀 아무것도 모르고 있는지도 모른다. 아니 오히려 다분히 지상의 소수에 의해 조금만 감지되고 있다고 말하는 편이 좋을 것이다.

우리들은 여러 가지로 추측을 했다. 적어도 이 국면을 시험하는 방법은 여러가지가 있다. 거시적 레벨에서의 비인과율적 현상을 미시적인 물리 효과(양자 효과)와 관련짓는——이런 종류의 생각은 비교적 용이하게 실험되어진다. 1971년 아폴로 14호와 관련된 NASA의 ESP 실험은 이미 그 선구를 달리는 것이다. 거대과학에는 그런 사항도 포함되어 있다고 해도 지장 없다. 우리들은 초감각적, 영감적인 현상을 실험실에서 확인하고 있는 비인과율적 현상과 관련지어 보고 싶은 것이다. 즉 양자 효과와 연결 지으려 한 것이다. 특히 영혼이 여러 가지 진동수, 강도와 전자파를 발생하고 있는 것을 검지하는 실험 등은 용이하게 그리고 싼 값에 행할 수 있을 것이다. 그 시험을 할 경우에는 상황이 복잡해 지는 것을 피해 단순화하고 격리시켜 실시해야 한다. 또 예를 들면 매우 약한 전자선을 두 개의 슬리트를 통과시킬 수 있는 간섭호(干涉縞)를, ESP 현상이 발하는 전자파와의 상호작용에 의해 수정하는 시험도 가능할지 모른다. 일단 기본적인 관계가 세워지면 문제는 좀더 다루기 쉬워진다.

## 지구 외 생물은 왜 우리들에게 정식으로 접촉해 오지 않는 것일까

마지막으로 보조적 사색을 두 가지 해 보겠다. 그 하나는 UFO의 문헌에 종종 제기되고 토론되고 있는 의문에 대한 답이다. 즉, 이들 지구 외 생물은 우리들의 지구 한 가운데서 활동하고 있음에도 불구하고 왜 우리들과 정식으로 접촉하지 않는 것일까? 나는 그들이 아직 우리들의 기술——레이저나 전파 망원경——로 캐치할 수 없기 때문이라고 생각한다. 두 번째로 다음과 같은 것을 생각해 두고자 한다. 만일 UFO의 현상에 실제로 고차원이 포함된다면 오늘날 과학 언어로 이해하려는 노력은 결코 성공하지 못하는 것이다. 현대 과학 내에서 이해하는 것은 바로 지표의 지도를 갖고 달 여행도를 만드는 것과 같은 일인 것이다.

## 제6장

# 인류를 파멸로부터 구할 그 무엇

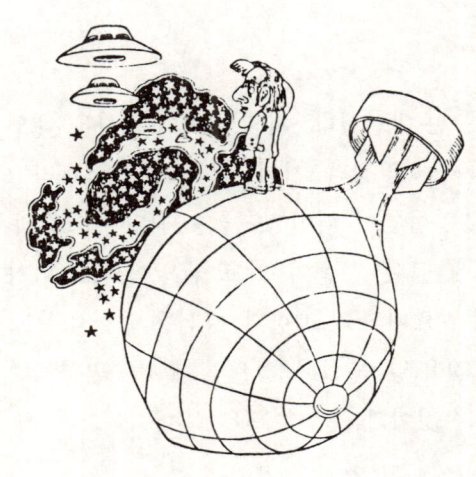

예수는 대답했다. 저녁이 되면 당신은 '내일은 날씨가 맑겠다. 저녁노을이 있으니까'라고 말하고, 아침이 되면 '오늘은 태풍이 있겠다. 하늘에 붉은 기운이 있고 금방이라도 비가 올 것 같으니까'라고 한다. 당신은 하늘을 보고 그런 것을 알 수 있다. 하지만 때를 구별하지는 못하는 것이다.

——마타이전 제16장 제2절~제3절

## 인류—그 광폭한 것

우리들은 누구나 태어나 몇 년이 지나면 인간으로서의 행동을 무엇이든 할 수 있게 된다고 말할 수 있다. 우리들은 모두 동료인 인간을 생애의 스승으로 받들고 있다. 각자는 자신의 유니크한 생활 체험을 통해 지각과 지혜, 견식과 지식이라는 얻기 어려운 신임장을 획득하는 것이다. 이들은 전통적으로 계승된 숙련가로서의 특질인 것이다.

우리들 숙련가——이 이후 그렇게 자기 자신을 부르자——는 중요한 문제 사항에 대해서는 의견을 달리하는 경우가 많지만 다음에 관해서는 동의하지 않을 수 없을 것이다. 지금 모든 생물 중에서 인류야말로 이상할 정도로 광폭성을 띠고 있다.

인류의 성질이라는 것은 물론 복잡하다. 이 공격적이라는 단 하나의 경향으로 인류의 성질이 공평하고 정확하게 서술되었다고 주장할 생각은 전혀 없다. 그러나 사랑, 증오, 동정, 욕망, 질투라는 다른 자질을 선택하는 것에 비하면 공격성이라는 단순, 명쾌한 언어로 규정하는 편이 타당할 것이다. 나는 단순히 광폭성이라는 것이 우리들의 생활에 어떤 식으로 나타나고 있는가에 주목하고 싶었을 뿐인 것이다. 이 사실을 충분히 고려해야 한다. 그것을 부정하는 것은 기록으로 남아있는 역사적 사실에 등을 돌리는 것과 같은 일이다.

**살륙이야말로 인간에게 어울리는 행위이다!**

역사에 남겨진 상해와 유혈——제리코(팔레스티나의 고향)의 피로 얼룩진 공략에서부터 다하우(나치스의 외인 포로 수용소가 있었던 곳)의 소름 돋는 소각로에 이르기까지——배후에 있는 공통 사항은 물론 인류가 몇 번이나 반복해 온 면을 그대로 나타내고 있다. 이성이 아니고——평화나 선량함을 구하는 로맨틱한 성질이 아닌——바로 살륙이 인류의 최종적인 결의인 것이다. 확실히 궁지에 몰렸을 때 인류는 동정도 동지애도 나타내지 않는다. 사회적 제약을 받은 영향을 나타내는데 여력이 없다. 그것도 잠깐이다. 빠르든 늦든 역사가 나타내는 것과 같은 자유 분방한 살륙자로서의 역할을 하는 것이다.

우리들은 타인의 불행을 기뻐하기도 하고 악의의 화신일지도 모른다. 그러나 분명히 태어날 때부터의 악덕자이다. 바로 늑대가 본능적으로 토끼 고기를 뜯는 것처럼 말이다.

공격성은 야수로서의 인류에게 크게 공헌했었다. 그 시점에서 진보하여 농경을 시작하고 기술이 더욱 발달되어 마침내 문명을 구축하게 되자 인류에게는 그 단계에 따라 새로운 양식의 행동이 필요하게 되었다. 이 새로운 행동 양식은 원동력이 된 행동과는 전혀 다른 것이었다.

### 분열 운동——역사——에서의 주력은 공격이었다

인류의 과거는 그 초기부터 확대·분열이라는 특징이 나타나고 있다. 분열 현상은 서로 관련된 사건이 차례차례 광범위하게 일어나는——이것을 역사라고 부르는 것이다——가운데 왕성해져

제6장 / 인류를 파멸로부터 구할 그 무엇  231

유전에 의한 진보의 속도는 느리지만 문화에 의한 속도는 대단히 빠르다.

갔다. 즉 역사는 분열 운동인 것이다. 인류는 생물로써 계속해서 계승되는 것에 의해 그 어떤 방향으로 행동을 일으켜 왔다. 한편 그 문화에 의해 동시에 다른 방향으로 갈 수 있는 것이다.

그 결과 여러 가지의 경우 사회적 사정과 본능적 충동이 상극을 이루었다. 이렇게 해서 우리들은 개인으로서, 또는 사회집단으로서 자신이나 자신의 사회와 싸우고 있는 자신을 찾아볼 수 있는 것이다. 공격이야말로 이 분열적 역할을 연기하는데 있어서 중심적인 존재였다고 생각한다. 그러나 분열 운동에 있어서 적어도, 또 두 개의 외부인자가 존재하고 있을 것임에 틀림없다.

인류의 진화는 최초에는 유전자에만 의존했었다. 그러나 그 뒤 도구를 사용하게 되자 문화에 의해 급속한 진화가 이루어졌다. 유전에 의한 진보의 속도는 느리지만 문화에 의한 진화는 매우 빠르다.

### 분열 운동에 작용하는 두 개의 인자 중 또 하나는 테크놀로지이다

그럼 대체 앞에서 이야기한 두 개의 외부 인자란 무엇인가? 하나는 이미 말했듯이 문화의 출현이고, 또 하나는 무엇인가?

공격을 위해서는 그 어떤 힘이 필요했다. 그 어떤 물건, 그 어떤 힘이 항상 존재하여 역사를 전진시키고 또 공격을 효용있게 만들었을 것임에 틀림없다.

생산 기술이라는 것은 좀더 넓은 의미로 생각하면 현대의 불균등한 사태 도달의 운반적 형태라고 할 수 있다. 게다가 그다지 죄의식도 없는 상태인 것이다.

생산기술은 착실히 세력을 얻어왔다. 문화에 대한 영향이 커짐에 따라 이번에는 역사 속으로 피이드 백 되는 것이다.

### 테크놀로지의 발전사(發展史)

초기 유인동물이 처음으로 막대기를 들었을 때 운명의 기초는 이미 세워질 것이다. 즉, 상대를 만나면 막대기로 머리를 내려치는 광폭성의 기초를 닮은 것이다. 아니, 그 이상이다. 생산기술의 기초도 되었다. 막대기──하나의 기술적 혁신──에 의해 효율적인 사냥을 하게 된다.

인류는 급속히 진화되었다. 생산 기술로서의 그것은 더욱 정교하게 컨트롤되었다. 인류는 사냥을 기술화하는 특이한 능력에 이상할 정도의 웨이트를 두었던 것이다.

원시 인류의 가장 우수한 재능은 아마도 동료 사냥인과 의지를 투합할 수 있는 능력이었을 것이다. 마침내 언어에 의해 생산기술은 그다지 광폭성이 없는 다양한 표현 방식을 발견하게 된 것이다.

### 언어(言語)가 탄생된다

언어를 통해 지식과 행위는 추상화·기호화 되었다. 그리고 비축시켜 차세대로 넘길 수 있게 되었다. 이 새로운 언어 능력은 원시인의 마음에서 마음으로, 세대에서 세대로 통일되어 더할 나위없는 존재 가치를 주었던 것이다. 종족을 유지하고 번영시킬 수 있는 열쇠는 이미 소수 지배자의 손에 쥐어지지는 않게 되었다. 적어도 그룹 전체로서 죽음의 고통을 공유하게 되었다. 농경 기술이 충분해지고 같은 인류의 뼈를 묻을 수 있게 되었다──사람 고기를 먹는──일도 이제 일어나지 않게 되었던 것이다.

### 불을 사용하기 시작한다

언어 개시 후 바로 불의 사용이 시작되었을 것이다. 서양 신화에 의하면, 인간이 신비하고 두려운 많은 신의 힘을 여러가지로 침해하기 시작한 그 최초가 바로 이 불이었던 것이다. 프로베테우스는 불을 도둑질하여 그 행위에 의해 바위에 매달리게 되었다.

불에 의해 신체를 따뜻하게 할 수도 있었고 요리를 할 수도 있게 되었으며 나무로 만든 창끝을 뾰족하게 만들 수도 있었다. 이렇게 하여 초기 인류는 변덕스러운 환경을 크게 제어하기 시작한 것이다.

### 불의 사용에 의해 사람들은 정착하기 시작한다

불은 방랑의 필요성을 경감시켰을 뿐만 아니라 인류를 난방 재료인 돌로 묶어 놓았다. 자연 발화를 찾는다는 것은 때때로

제6장 / 인류를 파멸로부터 구할 그 무엇  235

몹시 어려웠다. 불을 만드는 기술은 아직 발견되지 않았다. 그래서 불을 조금씩 언제나 보존해야 했다. 즉, 불을 함께 공유했다 ─ 그런 경향이 강해졌다. 짐승이 무리져 있는 장소를 선택하여 집을 만드는 것이 아니라 불길이 있는 장소를 선택하기 시작했다.

약 8000년 전 ─ 현재 터어키에 해당하는 대륙에서 ─ 아마도 모피를 입은 진취적인 한 남자가 몇날 밤이나 잠을 자지 않고 생각해낸 일이었을 것이다. 피로 물든 창 끝으로 차가운 아침에 대지를 파고 그 속에 창을 꽂고 기도를 드리기 시작했다. 아마도 그곳에 캠프 파이어의 불똥이 튀겼을 것이고 그곳의 토양은 한층 비옥해졌을 것이다. 또 아마도 비는 단속적으로 내리고 그 사이 태양이 내리 쪼였을 것이다. 정확한 상황이야 어떻든 인류의 가장 위대한 기술 혁신——농경——이 출현하게 된 것이다.

### 이렇게 해서 농경이 행해진다

그 시점 이후 이미 그 전으로 되돌아 갈 수는 없었다. 사냥을 하는 이들의 무기나 뭔가를 자르는 도구는 정착 농경자들의 쟁기, 호미보다 빨리 증가되었다. 문명이 점점 진화되었다. 필연적 결과로서 문명이 일어났던 것이다.

농경이 시작된 것에 의해 반영구적 주거를 정하게 되었다. 이번에는 그 정착에 의해 또 기술 혁신과 그 기술 육성이 행해졌고, 이것이 또 농경으로 받아들여져 그 왕성한 발전을 보였던 것이다. 농경을 위한 새로운 연구가 이것저것 시험되었다. 가축을 이용하기도 했고 새로운 작물, 새로운 기술이 도입되었다. 순수한 생산 기술상의 혁신이었는데 이에 의해 필연적으로 사회상의 획기적 혁신이 되었다.

인류는 호전적 생물로서 진화되고 있었다. 그러나 새로운 생활 양식에 의해 널리 협력하고 평화를 구하게 되었다. 이렇게 하여 인류는 가능한 한 그 살륙자로서의 본능을 승화시켜야 했던 것이다.

### 공격성을 컨트롤하게 되었다

제6장 / 인류를 파멸로부터 구할 그 무엇  237

자기 자신과의 평화를 위해 자기 자신과 싸우지 않으면 안되었다.

새로운 생활 양식에 의해 가까운 종족과 비교적 안정된, 평화로운 관계를 유지하게 되었다. 우호적인 관계를 맺을 필요가 있게 되었던 것이다. 신기술, 신고안이 생기자 특히 기술이 뛰어난 사람은 스스로 발명을 하고 싶다는 충동을 느끼게 되었다. 기술자가 그 존재를 개시했던 것이다. 인류는 이전에는 일체화된 생활을 보냈었다. 즉 일도 가족도 신체 상황도 모두 공유하는 생활을 했던 것이다. 그러나 지금 여러 가지 기술의 전문가가 나타나 자신이 바라는 생활 물질이나 작은 집을 손에 넣기 위해 자신이 만든 것과 교환하기 시작했다. 인류가 내재적 광폭성을 억제하지 않으면 안되었기 때문에 마음은 더욱 괴로워졌다. 그 이후 근린자(近隣者)와의 평화를 위해 자기 자신과 싸우지 않으면 안되었을 뿐만 아니라 자기 자신이 평화를 위해 싸우지 않으면 안되게 되었던 것이다. 극히 자연스럽게 그 시점에 이른 자신과 싸워야 했던 것이다. 인류의 진화 공장 과정에서의 균열은 좀더 넓게 입을 벌리기 시작했다.

### 마침내 도시 문명이 시작된다

이와같이 더욱더 자신을 컨트롤하면서 사람들은 살아왔다. 최후의 빙하기에 빙하가 점점 작아지자 온난한 건조기가 찾아왔다. 그 때문에 물을 구해 이전보다 많이 계곡에 모여 생활했다. 특별히 좋은 지역은 상당한 인구 밀도를 보였다. 평화롭게 지내자 그에 의해 이번에는 인구가 계속해서 증가했고 집단끼리 도울 기회도 늘어났다. 직업도 인구도 증가했다. 그리고 교역을 하는 사람(상인)이 나타났다. 마침내 도시——현대 문명의 주역——가 출현한다. 이런 초기 하천 문명 중에서 가장 번성했던 것이 이집트와 메소포타미아였다.

　문명의 개시에 의해 다른 면에서도 본능적 행동을 조정할 필요가 있었다. 직인(職人)과 상인(商人)은 더더욱 광범위한 사람들 속에서 살았다. 말하자면 그들은 비공식적인, 그러나 널리 인정받은 '교역대사(交易大使)'였던 것이다. 이전에는 낯익은 얼굴이나 친구로 만족했으나 이번에는 자신과 전혀 다른 사람들과도 장사를 했던 것이다. 그 이전에 자신과는 전혀 다른 이들을 서로 하나의 공동체 구성원이라고 인정할 필요가 있었던 것이다. 한가족 단위에서 수렵 부족 단위로, 부족에서 도시로, 또 도시에서 국가로 오랜 시간에 걸쳐 확대되어 갔다. 이런 확대를 계속하기 위해서는 내셔널리즘이라는 심리적 지지가 필요했다. 이전에는 가족이나 수렵 부족의 자연스러운 유대 감정이 있었는데 그것이 엷어져 버렸던 것이다. 그 감정 대신 내셔널리즘이 필요했다.

## 진화 과정에 있어서 중압이 가해졌다

　이 시점에서, 문명의 도래에 의해 정신적 억압은 계속해서 축적되어 갔다. 원시 시대에는 본능적인 유대가 있었으나 반자연적인——그러나 필연적——유대로 점점 확대되어 영속적인 것으로 향해 갔다. 이것이 문명을 가진 인류의 필연이었던 것이다.

　인류는 유연한 생물이므로 현실적으로 확대를 계속했다. 역사를 보면 분명하듯이 큰 번영을 거두었던 것이다. 어딘가에 자신들과 이질적인 공동 사회——지리적으로는 충분히 근접해 있어서, 아마도 고대였다면 적이 되었을 것이다——가 있으면 확대된 그 속으로 끌어 들였다.

## 인류의 문명은 급속히 진화되었던 것이다

　대략 기원전 3500년, 프로메테우스의 불의 선물을 사용하여 혁명적인 일을 이루었다. 불에 의해 동을 녹였던 것이다. 청동기 시대의 도래이다. 문명의 발단이 되었던 석기 시대는 끝났다. 금속의 사용에 의해 도구는 쇄신되어 우량 품종이 되었다. 다시 직인(職人)의 수와 종류도 급속히 증가되었다. 계속해서 새로운 생활 양식이 나옴에 따라 전진 속도는 더욱 빨라졌다. 말하자면 바퀴가 움직이기 시작했던 것이다. 신비한 문자가 나타났다. 최초에는 주술적인 것이었다. 이에 의해 비로소 역사시대로 들어간다.

언어에 의해 원시 인류가 발달했듯이, 문자에 의해 근대 인류로 발전했다. 문자가 출현하자 마치 마법이라도 쓰는 듯이 정확하게 자신의 사고를 시대나 장소가 다른 곳으로 전달할 수가 있었다. 본 적도 없는 사람들에 의해 강력한 영향을 받고 지리적으로 떨어져 있어도 사건이 일어나는 것이다. 청동기 시대는 철기 시대에서 현대로 옮아왔다. 즉 내연기관·전기·원자의 시대로 말이다. 그리고 적어도 명목적으로는——'우주 시대'로 진화된 것이다.

유사(有史) 전이든 유사(有史) 후이든 인류의 문화는 그 생물학적 진보를 훨씬 후방에 두고 확실하게 전진하고 있다고 볼 수 있다. 인류는 진보한 결과 자신을 변화시켜 틀에서 벗어난 생물이 되었던 것이다. 사냥감이나 적을 죽이고 고기를 뜯기 위한 태고의 도구나 기술에서 시작하여 인류는 서서히 진보되었다. 키오프스의 거대한 피라밋과 같은 물건을 만들고, 에펠탑·원자력, 잠수함을 건조하고, 또 아크릴수지의 장난감 말을 만든 것이다. 이 진보의 과정에서 재료도 기술도 또 생활양식도 **변혁**을 이루었다. 그러나 인종의 기본적 성격 자체는 변화하지 않았던 것이다.

## '알몸 원숭이'는 마침내 '테크놀로지 원숭이'로

이와같은 숙명을 부여받은 인류의 배후에 있는 추진력 자체도 또 불변의 것이었다. 그러나 인류의 정렬이 이 추진력이었던 것은 아니다. 그 힘은 거의 불변이었음에도 불구하고 현시점까지 문명을 계속해서 진보시켜 왔다. 인류는 야수의 감정을 갖고 있는 동시에 지혜가 있는 생물이었다. '알몸 원숭이'——디즈몬드 모리스의 매력적인 책 제목——인 동시에 '발전한 원숭이'인 것이다. 인류는 자기 자신을 동물의 상황에서 생산기술에 의해 향상시켰던 것이다. 자신의 의지도 아니고 우연적이지도 않고 또 선조에게서 물려받은 본능에 의해서도 아니다. 바로 기술에 의해 전진한 것이다.

## 직인(職人)에 대한 기술 개발

역사상 극히 최근까지 직인——과학자도 엔지니어도 아니고——이 발명과 기술을 공급해 왔다. 과학은 그리이스인에 의해 개시된 때부터 비교적 최근에 이르기까지 기술이라고 생각되는 것에서 분열되어 발전했다. 소스타인 베브렌의 분류에 의하면 기술이라는 것은 '저속한 유용성'을 가진 것이라고 한다(T·베브렌 저 「쾌락의 분류이론」 뉴욕 현대도서 1934년 간행에서). 이점에 있어서는 중세시대의 가치도 마찬가지이다.

생산 기술, 과학 기술에 있어서는 이것은 행운이었다. 중세를 통해 과학은 이슬람교 세계 어딘가의 구석에 처박혀 있었던 것이다. 기술 쪽은 서양 세계에 있어서의 그것과 독립적으로 계속해서 번성했다. 사실 '발명'——즉, 기술 개념의 그것——이라는 것이 중세 시대를 통해 존재 가치를 나타냈던 것이다. 10세기 이후 점점 바퀴 달린 쟁기, 풍차, 절구, 기계식 시계 등 널리 사회적 영향을 받은 큰 발명품이 나타났다. 인쇄기술이 발명되자 르네상스의 시대가 시작되었다. 그리고 그 결과 16, 17세기에는 지성의 비약적 발전이 일어났던 것이다.

그 동안 이슬람 세계에서는 서양 세계에서 행해진 것과 같은 과학과 기술의 분리는 없었다. 그 세계에서는 양자는 자연스럽게 연결되어 있었던 것이다. 그 결과 연금술과 마술──즉, 실용되지 않는 기술──이 생겼을 뿐이다. 이 관계는 성공하지 못했다. 과학과 기술이라는 톱니바퀴는 분명히 더이상 매끄러운 관계가 아니었다.

서양 세계의 발명가와 직인(職人)은 경험적·실용적이고, 이슬람 세계의 그런 사람들에 비하면 행운이었다(비록 이슬람 세계만큼 학식이 풍부하지는 않아도 말이다). 서양 세계의 발명가, 직인은 좀더 철학적인 생각을 하고 있던 사람들과는 분리되어 인류의 생산기술의 발명·개량에만 노력하고 있었다. 그리고 산업혁명의 개시와 호응되어 자연 과학자가 그 기술 레벨에 쫓겼다. 그들은 그 시대의 요청으로 당연히 고전적인 결정론자였던 것이다.

### 자연과학 쪽이 생산기술에 쫓겼던 것이다

결정론은 하나의 원인이 있으면 하나의 결과가 대응된다는 것을 나타내는 것이다. 그것은 당시 서양 세계를 지배하고 있던 산업 주체의 풍조와 연결되어 갔다. 이 결정론과 생산 기술에 의한 해결 방법이 하나가 되어 역사상 처음으로 실용적 세계관을 구성했다. 이것은 기원이 인류 형성의 생물학상 원리로 거슬러 올라가는 것으로, 일종의 실용철학이었던 것이다. 이 시점 이후 결정론에 근거를 둔 과학은 문화를 기술적으로 움직여 가는 핵심의 힘으로서 역사의 가속도적 전진에 대해 한층 탄력을 가하게 되었다.

　이와 같이 결정론적 과학과 새로이 태어난 공업 기술과는 이미 토론했던 것처럼 공리공생한 것이다. 우수한 기술이 생기면 과학기기가 개량되었다. 기기의 개량에 의해 이번에는 더욱 깊은 과학적 통찰을 광범위하게 실행하게 되었다. 돌고 돌아 이 통찰에 의해 다시 기술상의 가능성이 한층 확대되어 간다. 이렇게 해서 기술에 의해 배양된 가능성이 다시 과학으로 피이드 백되는 것이다. 근대 과학=기술──즉 '응용 과학'이라고 불리우는 것──이 폭발적으로 성장하기 시작한 것이다.

## 테크놀로지가 과학 측정법을 정교하게 만든다

　감각 기관을 확대하는 기술적 방법이 곧 고안되었다. 그 진보는 재빨리 과학기기 제작에 응용되어 발전을 이끄는 물리상의 원리로 쌓아졌다. 즉 과학 기술의 발전에 의해 물리법칙의 원리를 이끄는 측정 방법이 한층 정교해지고, 그에 의해 또 물리법칙의 검토가 행해진 것이다. 이것은 많은 결실을 보았다. 그러나 그 결과는 점점 출발점으로 되어 있던 철학 자체와 모순이 되어 갔다. 상대론이 때마침 나타났고 이어서 곧 양자 역학이 출현했다. 고전적 세계는 이때까지 충분한 발전을 이루어 우미한 형식을 취하고 있었다. 그러나 그것도 조금씩, 그러나 착실히 종말로 다가서고 있었던 것이다. 과학자로서──또는 좀더 좁혀 물리학자로서──밖으로 나간 원숭이는 자신을 감싸고 있는 벽에 스스로를 밀었던 것이다──아니 아마도 그 이상으로 압박을 가했던 것이다. 인류의 철학은 미개척지의 끝을 고하는 경계――그것은 예기할 수 없을 정도로 가까이 있었다――에 그대로 충돌하고 있었던 것이다. 상대론과 양자역학은 그것을 나타내는 가장 정확한 지표였다. 다른 지표도 나타났을 것이다. 또 현재도 존재하고 있을 것임에 틀림없다.

### 한정된 지구상에서 확대되어 가면……

과학은 기술로 피이드 백되고, 기술 쪽은 과학만이 아니고 다른 모든 생활면으로 피이드 백되었다. 이와 같이 계속되는

중에 다른 미개척 분야가 이제 없어지게 되었던 것이다. 무한이라고 여겨지는 지구에 있어서의 개척 분야——전통적 수법으로 역사상 열어본 것——의 소멸이었다.

18, 9세기에는 서양 문명의 양식이 지구 구석구석까지 전해졌다. 석탄과 석유의 의해 공장의 금속 엔진에 동력을 공급하고 운송 수단을 생각하고 마침내 전쟁을 하고…… 이 전까지 좁은 지역에 갇혀 있던 사람들은 드디어 민족의 경제가 명령하는 곳까지 영토 투쟁을 하고 생산 기술을 가져 갔다. 20세기 초기까지는 경제적 영토도 지리적인 장벽——즉 지구의 끝——으로까지 다 개발되었던 것이다.

## 마침내 전면전(全面戰)이 시작된다

최초의 전면적인 전쟁인 제1차 세계 대전이 일어났다. 그에 이어 일어난 수많은 일들은 지구가 이미 무한하지 않다는 사실을 알려 주는 것이다. 국제 연맹은 이 사실에 대한 최초의 공식적 양보였다. 또 확대하려면 반드시 선조가 해 오던 것처럼 2차원적으로 영토를 만들게 된 것이다. 그것은 많은 인명을 빼앗고 값비싼 보상을 요구한다. 그 이후 국가 영토는 수직 방향으로 충분히 이용하려는 방향으로 향하지 않을 수 없게 되었다. 근시안적인 영토 분쟁에 의해 영토를 얻어도 그것은 수직 방향으로의 개발 이익에 비하면 문제도 되지 않는 것이었다.

그 정도로 사태가 변화되고 있는데도 여전히 군비는 확충되고 있는 것이다. 그리고 이 군사면 만큼 기술혁신의 영향을 받은

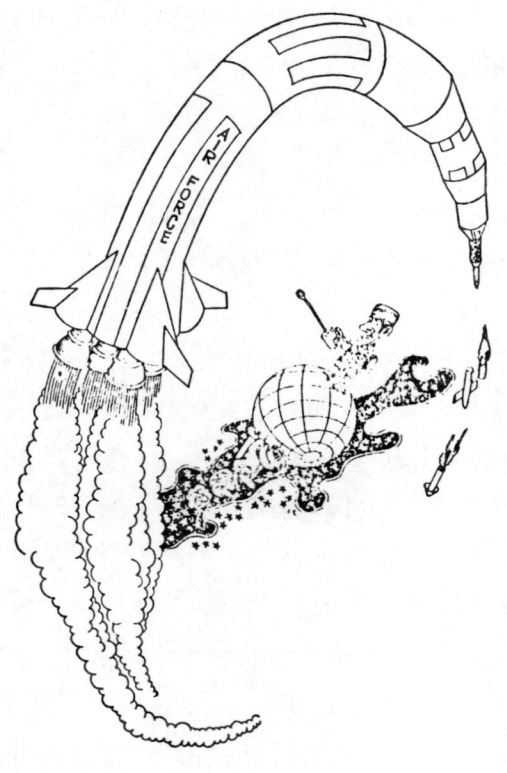

어느 사이엔가 군사(軍事)가 과학의 지도권(指導權)을 장악했다.

것도 없다. 인간의 본성으로써 항상 필요시되고 있는 군비는 다른 것과 마찬가지로 기술화되어 왔다. 기술화의 과정에 있어서 인간 사회에서의 새로운 역할을 다하기 시작한 것이다. 과거의, 비교적 근대 전쟁에 있어서는 전쟁이 일어나는 장소나 계속되고 있는 기간보다도 더 많이 확충되었던 것이다. 그러나 제1차 세계대전에 의해 모든 것이 변했다. 전쟁은 인간끼리의 힘을 견주는 것에서 기계력에 의한 싸움이 되었던 것이다. 따라서 그 이후 장래 일어날 만한 전쟁을 위해 준비를 하는 것은 준비로써의 과학이나 기술에 역할을 갖게 한 것이다. 그 결과 드디어 군사가 과학의 주도권을 쥐게 되었던 것이다.

제2차 세계 대전은 그 왜곡을 강화시켰다. 고도의 군사용 전자 공학에 의해 현대 전자계산기가 생기고, 희비가 엇갈리는 은혜를 입게 되었다. 핵전쟁이라는 소름끼치는 망령이 엄청난 군사적 기반 위에 나타났다. 그리고 후에 바로 그 부산물로서 원자력 발전이 출현했다. 군사로서의 원조하에서 개발된 로켓트는 최초에는 과학적 장난감이라고 비웃음을 샀다. 그러나 그 역할은 최신식 핵탄두의 운반물로서 하늘을 날게 되었다.

## 군사와 기술과의 피이드 백

군사는 점점 기술개발의 운동력이 되었다. 문화는 피이드 백에 의해 계속해서 발전해 왔으나 그러는 중에 군사와 기술의 피이드 백만이 표면으로 떠오르게 되었다. 그리고 필연적 결과로서 경제면과 복잡하게 얽혀 '군사——산업의 복합체'가 탄생되었다.
 이전의 과학은 생산기술에 목적이 있었으나 이제는 군사가 그 기술의 두뇌가 되었던 것이다. 인류에게 있어서는 그런 관계는 극히 당연한 것이었다.
 그 이후 영토 분쟁은 주로 전쟁용 기기에 의해 행해지는 것이 보통이 되었다. 장래 전쟁이 일어날지도 모르는 가능성에 의해 인류의 선조로까지 거슬러 올라갈 정도의 성격——공격——이 서서히 역사상으로 떠올랐다. 아니 그뿐만 아니라 그 공격적인 성격에 생산 기술——역사상 위대한 문화를 전진시키는 것——보다도 위의 지위를 준비하게 되었던 것이다.

## 의학의 진보에 의해 인구가 급증한다

 의학 기술은 옛날 것은 거의 소용없게 되었다. 과학은 동시에 또 이 분야에도 끼어 들어 더더욱 실용적이 되었다. 인류의 생명은 길어졌다. 세계 대부분의 지역에서 유아의 사망률이 급격하게 감소되기 시작했다. 그 결과 세계 인구는 급속히 증가를 개시했던 것이다.
 말사스가 18세기 말에 처음으로 지적했듯이 식량 공급 사정은 인구 증가 비율과는 결코 균형을 이루지 못했다. 말사스가 말한 이유는 주로 경제적인 것이다. 그러나 의학기술의 진보에 의해 세계 속의 인구가 비약적으로 증가했기 때문에 식료가 불충분하게 된 것——경작에 적합한 토지가 지나치게 적어졌다는 것——에 의한 장래의 전망은 매우 어두운 것이다. 이것은 금세기 후반

제6장 / 인류를 파멸로부터 구할 그 무엇  251

매우 위협적으로 다가오기 시작한 것이다. 토지가 좁다는 것
——이것은 이미 경제와는 무관한 것이 되어 있다. 게다가 상대
적인 것이 아니고 절대적인 수량이 부족하기 시작했던 것이다.
 세계의, 비교적 은혜받은 지역에서는 인구 전체가 지수관수적
으로 팽창되기 시작했다. 이것은 과학——기술——경제에 관한
피이드 백의 고리가 계속해서 반복되어 실시되어 가속적으로
진행되고 있는 것과 동반하여 일어난 것이다. 광물이나 석탄
석유가 소비되어——또는 변환되었다고 해야 할 것인가——유해
물질이나 폐기물이 한정되어 있는 지구라는 혹성——여기에서
모든 것을 해결해야 하는 것이다——속에 그대로 버려지고 있는

것이다. 그 양은 더더욱 거대한 것이 되었다. 말하자면 역사는 마침내 자기 자신을 단축하기 시작한 것이다. 게다가 그 단축으로 이 속도는 인류가 예상하는 것보다 더욱 빨라지고 있다.

### 이미 지구상의 자원은 그 끝이 보이고 있다

자원이 한정되어 있다는 사실을 무관심하게 정당화하기 위해 전통적인 종족 윤리(한 종족이 번성하기 위해서는 다른 동족을 희생하지 않을 수 없다)를 사용하려는 사람도 있을 것이다. 그러나 사실은 그렇지 않다. 지구상에 미개척지가 없어지고 있는 현실을 깨닫지 못하고 있는——이 둔감함 때문에 세계가 오염되고 있는 것이다. 인간에게 있어서는 쓰레기장——즉 세계의 유용지역의 끝——까닭에 마침내 기후가 이상해지고, 해수가 오염되고, 인구의 지수 관수적 증가 때문에 모든 사람이 곧 쓰레기장에서 물을 얻게 될 운명에 처해지게 될 것이다.

### 과연 인류가 역사를 창조해 온 것인가, 앞으로도 창조할 수 있을까

다음과 같은 현대판 동화도 있다. 즉 인류는 역사의 창조사이다라는 말이다. 따라서 미래는 낙관적으로 생각해도 좋다라는 뜻이다. 우리들 사려 깊은 조언이 미래의 역사를 전개한다.

그러나 여기에는 미묘한 착오가 있다. 즉 그 이론은 인류의 의도가 세계를 지배한다는 것을 암시적으로 가정하고 있다.

인류는 자신의 역사상의 진로를 언제나 실수없이 해왔다는 가정이다. 이런 종류의 번영에 근거를 둔 착오는 선조 사회에서도 볼 수 있는 태도인 것이다.

인류가 그런 능력을 소유하고 있다는 것은 사실이다. 그러나 자신이 의도하는 것에 성공하고 있느냐, 아니냐 하는 것은 현재 사태를 보면 잘 알 수 있는 것이다. 게다가 사실상 우리들 인류는 자신들의 운명을 결정하는 지배자가 되어 있지는 않은 것이다. 우리들은 역사의 바람속에서 전진해 왔다. 이 바람은 당연 저항이 적은 곳을 따라 움직였다. 그 길 어딘가에서 우리들이 역사의 진보를 조정해 왔다는 착각에 빠진 것이다.

최근 역사가 돌연히 지수관수적 속도로 움직이기 시작했다. 그 결과 그런 잘못된 신념도 다소 꼬리를 감추기 시작했다. 인류는 여기에서 비로소 미래에 단단히 묶여 있다는 것을 깨닫기 시작한 것이다. 이 미래 전망은 좋지가 않은 것이다.

### 미래는 밝지 않다

엄청나게 황폐해지는 핵전쟁의 위협에 항상 노출되고 있다는 것, 또는 그 정도로 황폐해지지는 않지만 그 시작이 쉬운 '국지전'의 두려움——또 인구 과잉, 광범위한 영양실조·기아·오염 또는 절박한 자원 고갈…… 등등 이 모든 것에 의해 사태의 심각성을 알 수 있는 것이다. 이 이상 뒤로 물러설 수는 없다.

대부분의 사람들이 적어도 그런 불길한 문제의 존재는 알아차리고 있다——비록 그 중대함이나 긴박도에 항상 신경을 쓰고

있지는 않더라도——는 것은 중요하다. 그런 불쾌한 일을 고려하는 것을 이제 더 이상 변명할 수만은 없다. 사태의 차이는 있지만 어디에나 찾아온다.

사회 변혁 속도는 다른 분지(分枝)도 제공하고 있다. 역사가 세력을 갖게 되자 이제까지와는 사정이 달라진 것이다. 역사의 흐름의 질(質) 뿐만이 아니라 그 속도도 사물을 이제까지와는 다른 것으로 만들었다. 오늘날 속도의 이상성(異常性)은 '형언할 수 없다'라는 말로 표현되고 있다. 예를 들면, 과학 기술의 도입에 의해 일어난 변혁의 속도는 대단한 것이다. 그 때문에 (고도 성장을 거둔 지역에서는 세대(世代)의 단절이 일어나는 것이다. 노스탤지어 (이것도 일상 생활에서 자주 이야기되는 말이다) 라는 말이 이번에는 경우에 따라서는 10년 이내의 일을 회상하여 사용되게 되었다.

변화의 속도가 매우 빠르기 때문에 과학과 기술을 추구하고 있는 힘이 가해지는 부분이 조금이라도 변하면──의식적이든 우연이든──문화 전체의 이상이 찾아오게 된다. 다음에는 무엇을 해야 할 것인지에 대해서는 점점 생각하지 않고 다음에는 어떤 일이 일어날지를 생각하게 된다. 그 경향은 군사면에서 강하게 나타나고 있고, 곧 군비 경쟁이 일어난다. 한 세대 사이에 전략이라는 것이 완전히 변했다. 전면전(全面戰)이라는 것은 몇 년이나 걸려 행해지던 것에서 몇 시간 이내에 결정되는 것으로 변했다.

## 이 좁은 지구 내에서 어떻게 하는 것이 좋을까

한정된 영토내에서 여러 가지로 폭발적으로 팽창되고 있는 것이 현 사태이다. 어떤 형으로 안전 보장이 떠들어지고 있어도 우리들은 위기와 함께 하고 있는 것이라는──이 지구에 현실화 되어 있는 존재──것을 곧 알게 될 것이다. 이미 우리들의 문제를 풀어 놓을 장소는 어디에도 없다. 앞으로 더더욱 그 문제는 커져갈 것임에 틀림없다.

## 현대 과학이 만능이라는 생각도 있다

'이 세상의 동화'에서 나온 것으로, 매우 설득력이 있는 것은 다음과 같은 것이다. 즉 현대 과학이 만능이라는 것이다. 이 낙관적 신조에 의하면 과학 자체가 우리들의 문제에 대해 해결책을 제공해 준다──과거에 있어서도 그랬고 현재 이후에도 계속해서 그럴 것이라는 말이다.

이것을 확신하고 주장하는 사람들은 무한한 변명으로 빛나는 미래에 대해 낙관적인 전망을 한다. 일해야 하는 날들은 점점 적어지고, 물질적으로는 풍요로워지고, 그 은혜는 광범위하게 사람들을 이롭게 한다. 또 학문의 기회도 균등해지고, 예술 활동을 하고 작품을 볼 기회도 넓어지는 것이다. 미래에 있어서는 해저에 돔상의 대도시가 건설되어 인구 문제는 해결된다고 설명한다. 난시적(亂視的) 설명은 더 계속된다. 예술가, 공학자, 과학자──모든 사람들이 과학 기술 덕택으로 행복해지고, 모든 사람들이 서로 생활에 도움을 주는 것이다. 장래에는 혹성으로의 정기 항로도 개시된다──즉 다른 혹성계를──식민지로 만들게 된다는 것이다. 물론 다른 혹성에는 아무도 살지 않아 지구인의 도착을 단지 기다리고 있을 뿐이다.

분명히 인간 사회 대부분은 생산 기술 덕택에 빈곤에서 벗어날 수 있었다. 그리고 조금씩 이런 동화같은 이야기에 집착하게 된다는 것도 이해할 수 없는 바는 아니다.

그리고 동화가 가르쳐 주는 것에 낙관적인 마음을 갖고, 반대자에게는 공격적인 태도를 갖게도 되는 것이다. 사람들은──본질적으로 말해서 사회에서의 '우리들은'──자연과의 조화를 바라지 않는다. 미래로 더 대담하게 과학기술을 가져가려는

소망을 품게 되었다. 우리들은 어떻게 해서 문맹을 불식시킬 것인가에 대해, 또는 빈곤과 기아에 대항하려는 전쟁 선언을 하고 있다. 또 어떻게 하면 자연의 파괴력에 대해 격투하고 투쟁할 것인지, 어떻게 질병과의 전쟁에서 승리를 거둘 수 있을지를 말하고 있다. 우리들은 이미 우주를 정복한 것이다. 사실 이 일에 관한 권위있는 역사학자 두 명이 다음과 같이 말하고 있다. '인간이 그 환경을 정복하는데 어떤 과학 기술을 사용할지는, 인간이 미래에 대해 싸우는 위대한 전쟁 드라마의 일부분이 되어 있다. 우리들 미래에 일어날 가능성 있는 것에 대해 강력한 과학 기술로 펀치를 먹일 수 있는 것이다'. 이 대담한 철학 가르침에 의하면 미래의 미지의 일에는 물론 그렇게 할 수 있다는 것이다.

### 그러나 과학기술의 신도 전능하지는 않다

행인지 불행인지, 이것은 타당치 않다. 강력한 과학 기술의 신에게도 한계가 있는 것이다. 현재 실로 필요한 것은 계속해서 기술 혁신을 진행시켜 가는 것이 아니고, 오히려 윤리적 혁신을 병행해야 하는 것이다. 한계가 있는 영토 내에서 성장하고 소비해 가기 위해서는——그리고 지나치지 않기 위해서는——도덕적인 동기에서의 절제 같은 것이 필요하게 된 것이다. 그럼에도 불구하고 우리는 본능적으로 행동하여 타인의 숨통을 막고 있는 것이다.

새로이 개량된 과학 기술은 물론 유용하다. 그러나 최종적으로 분석해 보면 세계의 현상에 대한 순수한 기술적 해결책은 존재하지 않는 것이다.

그러나 우리들은 레밍(북지산 쥐와 비슷한 작은 동물로 집단 자살을 본능으로 갖고 있다)——과학 기술적 레밍——과 같이 이제까지의 전통적 노선을 따라 계속해서 전진한 것이다. 나는 그렇게 확신하고 있다. 우리들이 스스로 해결할 수 있다고 생각하는 방책은——되어가는 대로 놓아두어 안정되는 형이 어떤 것이든 틀림없이——누구에게나 유쾌한 것은 아닌 것이다.

### '종말의 시대에 희망은 있는 것인가

'현재 세계 사정은 이전에는 생각하지 못했을 정도로 계산되어 만들어지고 있어 이미 초자연적인 일이 구제해 주기를 기대하기 시작하고 있다.' 칼 융은 이렇게 말하고 있다(C·G·융「하늘을 날으는 원반」에서). 만일 우리 자신의 손으로 문제를 해결할 수 없다면 하늘이 우리들을 대행해 줄 것이다.

에제키엘 (성서 에제키엘서에 있는 히브라이의 대예언자) 이래 천계적인 예언을 쓰는 사람은 이 주지에 따르고 있다. 그리고 교회는 집회 때마다 우리들에게 현대는 바로 '종말의 시대'라고 말하고 있다.

앞에서 말한 현대판 동화 '과학적인 파생물'은 그 자체가 융이 말하는 '초자연 현상이 구제해 주기를 기대하는' 예──얇은 베일에 쌓인 일례──에 지나지 않는다. 어느때, 또 어느 장소에서인가 찾아오는 과학 변화 모퉁이에서는 역사상 기념할 만한 시기의 도래가 기다려지는 것이다. 여기에서는 항아리 속에서 회교라는 자애가 넘치는 영혼이 상승되듯이 구세주가──과학 기술상의 위대한 비약이 또 일어난다는 식으로의 구세주가 나타나는 것이다. 나 개인으로서는 역사의 진로에 한 영마(靈魔)가 나타나기를 기대하고 있다.

## UFO는 희망이 될까

세 번째 적절한 생각을 해 보자. 이것은 여러 가지 점에서 앞에서 이야기 한 희망을 주는 사고방식(하늘이 우리들을 대행해 줄 것이라는 생각과 과학기술에 의해 우리들이 구제될 것이라는 생각) 두 개를 융합한 것이다. 그것은 UFO를 열렬히 믿고 있는 많은 사람들의 신념이다. 그들은 UFO의 현상 속에 하늘이 우리들의 일에 개입하려는 징조가 있다고 보고 있는 것이다.

바리·H·다우닝은 이 점에 관해 매우 설득력있는 대필자 중 한 사람이다. 다우닝은 전통적 교육을 받은 신학자이다. 그러나 그는 조금 보통과 다른 감수성을 갖고서 그 감수성에 의해 전통을 판단하고 있다. 그의 저서 「성서의 하늘을 날으는 원반」에 있어서 다우닝이 말하고 있는 결론에 나는 의견을 같이 하는 것이다. '만일 하늘을 날으는 원반이 실존하고 마침내 그 존재의 충분한 증거가 나와 의문의 여지가 없게 되면 그때 신학의 내용

은 급격히 변할 것이다'라고 그는 말했다. 즉 UFO가 실존하는 증거가 나왔을 때는 「성서」에 근거를 두는 신학도 그 내용의 개혁이 행해지게 되는 것이다. 「성서」를 UFO가 대신하게 되는 것이다.

## 우주 진화에 목적이 있다면 구제될 것인가

여기에서 독자 여러분은 '별이나 혹성의 생성에 관한 최종적 목적'에 관한 슈코로프스키의 견해를 떠올리기 바란다. 슈코로프스키가 말하는 '지능있는 생물'이 서로 상호작용을 미치는—따라서 우리들도 물론 상호작용한다—숙명에 있다면 자연법칙의 범위내에서 그런 작용을 실시해야 한다. 이런 자연 법칙의 중심적 역할을 부정하는 신학은 그 시점에서 본질적으로 미신과 같아지고 마는 것이다.

그러나 나 개인으로서는 과학적으로 지구의 생물의 존재를 전통적인 방식으로 증명하는 것이 현대 과학의 범위에서 일어날 수 있다고는 생각할 수 없다. 그러므로 게임 틀에 따라—즉 불출장(不出場)이라는 것에 의해—결착은 나지 않고 그 문제는 아카데믹하게 계속될 것이다.

그러나 충분히 생각한 뒤 가정으로 결론을 내 보는 것도 의의가 있다. 그런 것이 과학적(또는 신학적) 정당성에 결여되어 있어 허락할 수 없다고 하는 것도 타당성이 있다.

나도 아리스토텔레스처럼 우주에는 실제로 그 어떤 큰 목적이 있다고 가정하겠다. 그리고 슈코로프스키의 생각에 따라 그 목적은 '지능있는 생물과 과학 기술 문명을 창출하는 것'이라고 추단하겠다. 그러면 극히 자연스럽게 다음과 같은 것을 확신하게 된다. 이제까지 몇십억년 진화를 거듭한 결과 지구상에 있어서 진화의 과정이 유해물질이나 방사능이 넘치는 생명이 끊긴 혹성으로 귀결되는――그런 일은 있을 수 없을 것이다. 우리들이 걸을 다음의 기술상의 모퉁이에서 우리들을 구제해 줄 현대판 동화의 힘을 실제로 얻을 수 있을지도 모른다. 아마도 우리들을 항아리에서 해방시켜 다음 세대를 맡길 위대한 기술 영마는 전장에서 말한 오차원적 힘을 과학적으로 규정하는―― 이해하는――형태를 취할지도 모른다. 만일 그렇다면 돌연 우리들의 눈 앞에 '광대한 신개척지'가 보이게 된다. 사차원적으로 볼 수 있는 것은 아니다. 갑자기 눈에 들어오는 것은 영구히 계속되고 있는 고도로 발달한 우주의 문화인 것이다.

## 그러나 가엾은 인간의 기질

그때가 되어도 우리들은 자신의 본능적 영토 싸움을 우주 여기저기에서 이전보다 더 심하게 계속할 준비를 할 것이다. 나는 그렇게 생각한다. 이전과 마찬가지로 가치관――우리 지구 쪽이 다른 어떤 별보다도 신성하다고 선언하는――의 차이가 투쟁의 이유가 될 것이다. 또는 현대 종교의 변종을 깃발로 올릴지도 모르고 또는 사회주의와 비슷한 것으로 장식한 현대판 동화가 이유일지도 모른다. 과학 기술은 그때 우리들에게 해결의 열쇠를 준비해 줄지도 모른다. 그러나 전혀 예기치 못한 방법도 있을 것이다. 즉, 파멸이 아닐까……?

　과학 기술은 마침내 콜롬부스 항해와 같은 역할을 하게 될 것이다. 그러나 주객이 전도되어 있다. 우주 '신세계(新世界)'의 야만적 주민은 짙은 붉은색 깃발을 드높이 올릴 것이다. 피로 물든 창을 손에 들고 출항을 준비할 것이다. 그러나 그들이 우리 문명의 해안에 도착하기까지 충분한 문명을 갖게 될 것임에 틀림없다고 나는 생각하고 있는 것이다. 그렇게 되는 것이 모든 사람들을 위하는 일이 될테니까……

　만일 이와같은 일련의 일이 언젠가 실제로 일어난다면 전통적인 종교가, 동화를 이야기하는 사람, 광신적인 UFO 신봉자— 이 모든 사람들은 같은 틀 안에서 일이 일어나기를 기대하고 있는 것이 된다. 그 기대하는 마음은 아주 잠깐일지도 모르지만…… 그러나 동일한 장래의 상이 나타났다고 해서 놀랄 것은 없다. 우주의 목적이라는 매우 복잡한 것은 무엇이든 유일한 형으로 우리들에게 모습을 보일 것이라고는 생각할 수 없기 때문이다.여러 가지 생각 속에 여러 형태로 모습을 나타낼 것임에 틀림없다.

```
┌─────────┐
│ 판  권 │
│ 본  사 │
│ 소  유 │
└─────────┘
```

### 신비한 5차원의 세계 이야기

2000년 7월 25일 재판 인쇄
2000년 7월 30일 재판 발행

지은이/ K. A. 브런스타인
옮긴이/ 김　정　인
펴낸이/ 최　상　일

펴낸곳/ 태 을 출 판 사
서울특별시 강남구 도곡동 959-19
등록/ 1973년 1월10일(제4-10호)

ⓒ1999, TAE-EUL publishing Co., printed in Korea
잘못된 책은 구입하신 곳에서 교환해 드립니다.

■ 주문 및 연락처
우편번호 100-456
서울특별시 중구 신당6동 52-107(동아빌딩 내)
전화/2237-5577 팩스/2233-6166

ISBN 89-493-0115-6

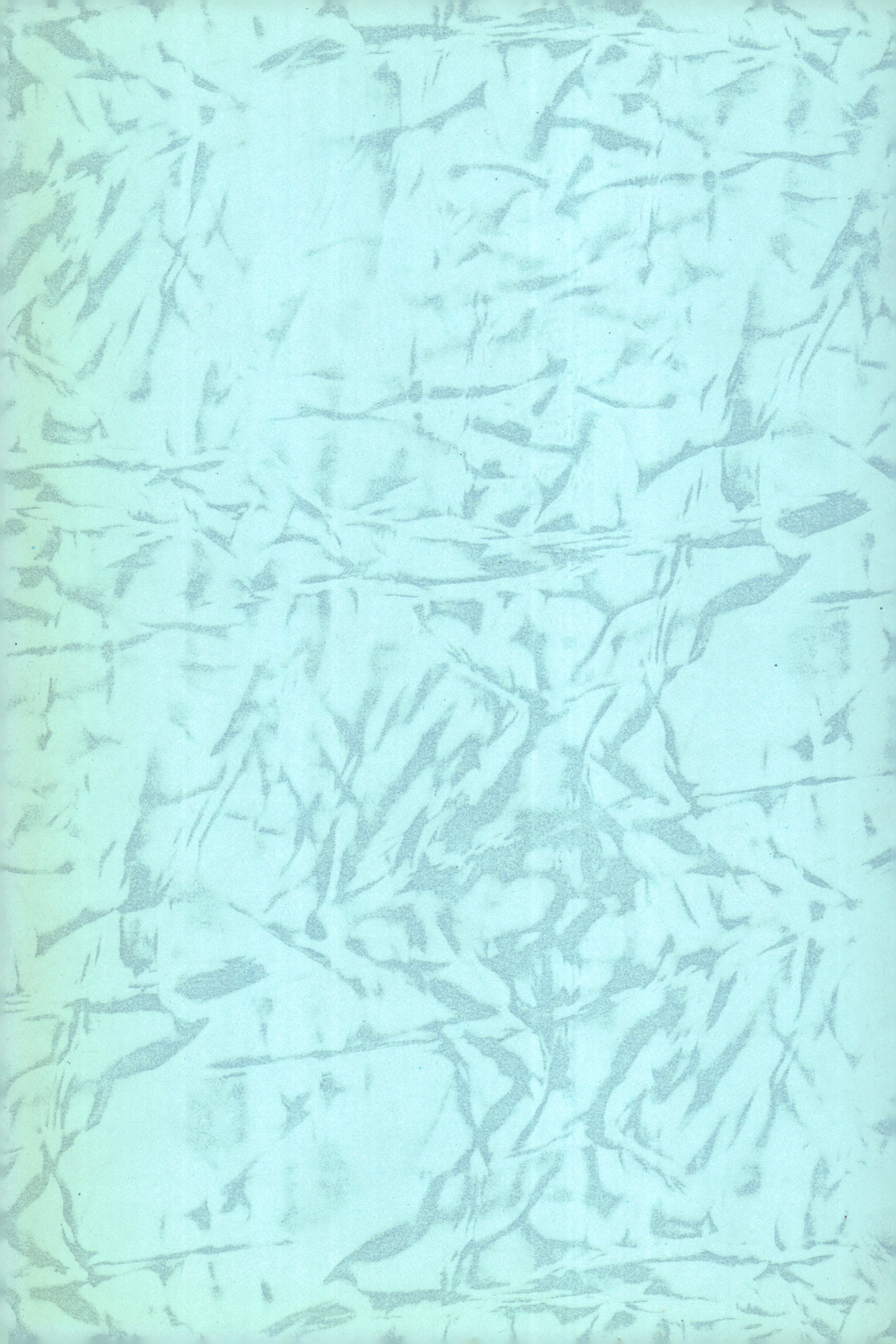